网站策划与设计

郁 涯 著

北京理工大学出版社
BEIJING INSTITUTE OF TECHNOLOGY PRESS

版权专有　侵权必究

图书在版编目（CIP）数据

网站策划与设计 / 郁涯著. —北京：北京理工大学出版社，2020.3
ISBN 978-7-5682-8216-1

Ⅰ.①网…　Ⅱ.①郁…　Ⅲ.①网站-设计-高等学校-教材　Ⅳ.①TP393.092.1

中国版本图书馆 CIP 数据核字（2020）第 037908 号

出版发行 / 北京理工大学出版社有限责任公司
社　　址 / 北京市丰台区四合庄路6号
邮　　编 / 100070
电　　话 /（010）68914775（总编室）
　　　　　（010）82562903（教材售后服务热线）
　　　　　（010）68948351（其他图书服务热线）
网　　址 / http://www.bitpress.com.cn
经　　销 / 全国各地新华书店
印　　刷 / 廊坊市印艺阁数字科技有限公司
开　　本 / 710毫米×1000毫米　1/16
印　　张 / 15.25
字　　数 / 205千字
版　　次 / 2020年3月第1版　2020年3月第1次印刷
定　　价 / 80.00元

责任编辑 / 王玲玲
文案编辑 / 王玲玲
责任校对 / 周瑞红
责任印制 / 施胜娟

图书出现印装质量问题，请拨打售后服务热线，本社负责调换

前　　言

互联网是现实生活中不可缺少的元素。网站作为互联网上最主要的应用，以一种崭新的方式和途径实现了信息的传播和人与人之间的交流。因此，网站建设无论是对于企业还是个人，都具有非常重要的意义。

网站策划与设计是指应用科学的思维方法，进行情报收集与分析，对网站设计、建设、推广和运营等各方面问题进行整体策划，并提供完善的解决方案的过程。

真正处于领军性地位的网站平台绝大多数具有一个特点——网站策划思路清晰合理，界面友好，网站营销作用强。可以说，专业的网站策划是未来网站成功的重要条件。

专业网站策划与设计人才的就业前景非常广阔。中国专业的网站策划公司超过一万家，从事自主网站经营的企业在十万家以上，各类企业的信息部门也急需专业的网站策划人员，有关数据显示，有65%的企业急需网站策划人员，有90%的企业招不到合适的人才。

网站策划与设计是一项比较专业的工作，包括了解客户需求，进行客户评估、网站功能设计、网站结构规划、页面设计、内容编辑，撰写"网站功能需求分析报告"，提供网站系统硬件、软件配置方案，整理相关技术资料和文字资料等。要求网站策划与设计的从业者具有广泛的知识面，具备市场和销售意识、人体工程学的意识、较强的沟通能力和文字表达能力，熟悉商业情报收集和信息分析的方法，熟悉网站规划，掌握基本的建站方法，了解网站硬件环境配置，熟悉网络广告投放和搜索引擎优化等。

目前，关于网站开发的技术书籍很多，但是有关网站策划的构思与实战相结合的书却很少。从技术人员的角度来说，市面上的大多数技术书籍的确能够帮助网站建设人员解决实际开发中的各种技术问题，提供实质的可操作

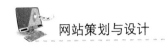
网站策划与设计

性指导,然而,从网站整体策划人员的角度来看,这些书籍只是单一地介绍了网站制作过程中的某个具体环节,而对网站的设计、制作、发布、推广、维护的宏观流程缺乏系统的介绍。因此,一本将网站建设的各个环节与具体实例相结合的书不仅能够帮助初学者和资深技术人员迅速地把握网站建设的整体流程,而且可以作为网站整体策划人员的策划依据和手册,同时还可以拓宽企业高层管理人员的知识面。

书中引用了一些资料、图片,因地址不详,未能与有关作者取得联系,在此深表歉意。由于作者水平有限,书中不足之处在所难免,敬请广大读者批评指正。

郁　涯

内蒙古科技大学包头师范学院

目　　录

第1章　网站的赢利模式 ……………………………………………001
　第1节　模式决定收益——网站的主要赢利模式 ………………001
　　一、网站赢利模式的分类 …………………………………002
　　二、网站赢利模式的常用手段 ……………………………002
　第2节　各种网站赢利模式 ………………………………………007
　　一、51社区的赢利模式 ……………………………………007
　　二、百度的赢利模式 ………………………………………008
　　三、人人网和开心网的赢利模式 …………………………009
　　四、携程网的赢利模式 ……………………………………012
　　五、婚恋网站的赢利模式 …………………………………013
　　六、盛大网络游戏的赢利模式 ……………………………014
　　七、百万格子网站创造的赢利奇迹 ………………………015
　第3节　如何找到网站的赢利模式 ………………………………016
　　一、发现你的客户 …………………………………………018
　　二、开发你的产品或者服务 ………………………………021

第2章　如何选择网站的赢利模式 ……………………………………024
　第1节　找准网站自身的位置 ……………………………………024
　第2节　如何确定网站的赢利模式 ………………………………025
　　一、用户定位 ………………………………………………025
　　二、网站功能定位 …………………………………………026
　　三、模式的可行性 …………………………………………026
　第3节　如何使网站赢利最大化 …………………………………026
　　一、以专业知识和特色赢利 ………………………………027

二、通过网站内容收费 …………………………………………… 027
　　三、依靠提供服务赢利 …………………………………………… 027

第3章　如何成为合格的网站策划人 …………………………………… 029
　第1节　网站策划人员需要做哪些工作 ………………………………… 030
　　一、进行市场调查 ………………………………………………… 031
　　二、评估自己各方面的条件 ……………………………………… 032
　　三、进入网站策划的具体阶段 …………………………………… 032
　第2节　网站策划人员需要什么样的素质 ……………………………… 036

第4章　网站策划的具体流程 …………………………………………… 040
　第1节　网站的需求分析及其定位 ……………………………………… 040
　　一、网站需求分析过程 …………………………………………… 040
　　二、网站市场定位 ………………………………………………… 042
　第2节　网站策划的必要性及其原则 …………………………………… 043
　　一、网站策划的必要性 …………………………………………… 043
　　二、网站策划原则 ………………………………………………… 044
　第3节　如何进行网站策划 ……………………………………………… 047
　　一、建设网站前的市场分析 ……………………………………… 047
　　二、建设网站的目的及功能定位 ………………………………… 047
　　三、网站技术解决方案 …………………………………………… 048
　　四、网站内容及实现方式 ………………………………………… 048
　　五、网页设计 ……………………………………………………… 049
　　六、网站维护 ……………………………………………………… 049
　　七、网站测试 ……………………………………………………… 049
　　八、网站发布与推广 ……………………………………………… 050
　第4节　网站策划书实例 ………………………………………………… 050
　　一、项目目标 ……………………………………………………… 050
　　二、网站设计原则 ………………………………………………… 051
　　三、网站结构 ……………………………………………………… 051

四、网站建设进度及实施过程…………………………………052
　　五、网站信息发布………………………………………………053
　　六、技术维护……………………………………………………053
第5节　网站设计及制作的基本流程………………………………053
　　一、确定网站主题………………………………………………054
　　二、网站整体规划………………………………………………055
　　三、收集资料与素材……………………………………………056
　　四、设计网页图片………………………………………………056
　　五、制作网页……………………………………………………057
　　六、开发动态网站模块…………………………………………058
　　七、测试与发布网站……………………………………………059
　　八、后期更新与维护网站………………………………………059
　　九、宣传与推广网站……………………………………………060

第5章　网站设计的风格和构建方法…………………………………062
第1节　网站的风格设计……………………………………………062
　　一、网站的风格定位……………………………………………062
　　二、网站风格设计的原则………………………………………064
第2节　网站信息的组织……………………………………………065
第3节　网站框架的构建……………………………………………066
　　一、使用表格构建网页…………………………………………067
　　二、使用框架构建网页…………………………………………070
　　三、使用AP元素构建网页……………………………………071
　　四、使用Spry构建网页…………………………………………074
　　五、使用模板构建网页…………………………………………076
第4节　框架设计实例………………………………………………078

第6章　网站的前台设计………………………………………………082
第1节　网站前台的布局设计………………………………………082
　　一、版面分辨率的设置…………………………………………082

二、常见的网页结构类型 …………………………………………… 083

第 2 节　网页布局方法 ………………………………………………… 084

　　一、布局应该遵循的原则 …………………………………………… 084

　　二、页面布局步骤 …………………………………………………… 087

第 3 节　网页的色彩搭配 ……………………………………………… 087

　　一、网页色彩的冷暖设计 …………………………………………… 088

　　二、网页安全色 ……………………………………………………… 090

　　三、网页的配色规则及技巧 ………………………………………… 090

第 4 节　页面的基本组成 ……………………………………………… 093

第 5 节　网站前台设计所使用的工具 ………………………………… 095

　　一、Dreamweaver 软件介绍 ………………………………………… 096

　　二、Photoshop 软件介绍 …………………………………………… 096

　　三、Animate 软件介绍 ……………………………………………… 097

　　四、网页配色辅助软件介绍 ………………………………………… 097

第 6 节　网页文字的设置 ……………………………………………… 099

　　一、字体 ……………………………………………………………… 099

　　二、行距和段落 ……………………………………………………… 103

第 7 节　网页图片的使用 ……………………………………………… 106

　　一、网页图片设置规则 ……………………………………………… 106

　　二、页面图像处理技巧 ……………………………………………… 107

第 8 节　使用 Photoshop 设计网页 …………………………………… 109

　　一、使用 Photoshop 设计网页的基本步骤 ………………………… 109

　　二、使用 Photoshop 设计网页常用技巧 …………………………… 111

第 9 节　使用 CSS+DIV 样式布局网页 ……………………………… 115

　　一、认识并创建 CSS 样式表 ………………………………………… 116

　　二、设置并应用 CSS 样式表 ………………………………………… 118

　　三、使用 CSS 样式表美化网页 ……………………………………… 119

第 7 章 网站的后台设计 …… 124

第 1 节 网站开发技术的选择 …… 124
一、主流网站开发技术介绍 …… 124
二、主流网站开发技术的对比 …… 128
三、综合考虑选择合适的开发语言 …… 131

第 2 节 数据库的选择 …… 131
一、主流网络数据库 …… 131
二、结合需求选择合适的数据库 …… 134

第 3 节 操作系统和 Web 服务器的选择 …… 134
一、网络操作系统介绍 …… 135
二、网络操作系统比较 …… 136
三、Web 服务器介绍 …… 136
四、主流 Web 服务器比较 …… 139
五、为网站选择合适的运行环境 …… 139

第 4 节 网站开发技术的新趋势 …… 140
一、从 PC 转到移动设备 …… 140
二、HTML 5 将成为新一代 Web 标准 …… 140
三、JavaScript 的发展 …… 141
四、SaaS（软件即服务）…… 141
五、云计算 …… 141

第 8 章 如何做好网站策划与设计 …… 143

第 1 节 网站项目目标 …… 143
第 2 节 网站设计原则 …… 144
第 3 节 网站结构 …… 145
第 4 节 网站报价 …… 146
第 5 节 网站建设进度及实施过程 …… 146
第 6 节 网站信息发布 …… 148
第 7 节 网站技术维护 …… 148

第 9 章　网站综合测试 ································· 149
第 1 节　本地测试站点 ································· 149
第 2 节　ASP .NET 本地站点测试 ································· 149
　　一、安装 IIS ································· 150
　　二、开始 ASP.NET 本地站点测试 ································· 150
第 3 节　PHP 本地站点测试 ································· 151
　　一、安装 phpStudy ································· 151
　　二、开始 PHP 本地站点测试 ································· 152
第 4 节　JSP 本地站点测试 ································· 153
　　一、安装 Java Development Kit ································· 153
　　二、安装 Apache Tomcat ································· 154
　　三、开始 JSP 本地站点测试 ································· 155

第 10 章　申请网站上线流程 ································· 156
第 1 节　域名的选择 ································· 156
　　一、域名的种类 ································· 156
　　二、选择域名 ································· 157
第 2 节　域名的申请 ································· 158
第 3 节　管理域名 ································· 160
第 4 节　选择和注册网站空间 ································· 160
　　一、网站空间的概念 ································· 161
　　二、网站空间的种类 ································· 161
　　三、选择网站空间 ································· 162
　　四、申请网站空间 ································· 163
　　五、管理网站空间 ································· 164
第 5 节　网站的上传 ································· 165
　　一、通过浏览器上传网站 ································· 165
　　二、使用 CuteFTP 软件上传网站 ································· 166
　　三、使用 FlashFXP 软件上传网站 ································· 167

　　　　四、使用 LeapFTP 软件上传网站 …………………………………… 168

　　　　五、使用 FileZilla 软件上传网站 …………………………………… 168

　　第 6 节　网站的发布 ………………………………………………………… 170

第 11 章　后期如何维护网站 ………………………………………………………… 171

　　第 1 节　网站的使用情况 …………………………………………………… 171

　　　　一、网站的搜索排名 ………………………………………………… 171

　　　　二、网站的流量统计与分析 ………………………………………… 172

　　　　三、网站浏览者的反馈信息 ………………………………………… 175

　　第 2 节　网站内容的更新与维护 …………………………………………… 175

　　第 3 节　网站安全防范 ……………………………………………………… 177

　　　　一、Web 攻击的主要手段 …………………………………………… 177

　　　　二、数据库的安全防范 ……………………………………………… 178

　　　　三、网站的备份 ……………………………………………………… 181

第 12 章　网站推广策划技巧 ………………………………………………………… 183

　　第 1 节　为什么要推广网站 ………………………………………………… 183

　　第 2 节　如何推广网站 ……………………………………………………… 184

　　　　一、分析网站目标用户群的行为方式 ……………………………… 184

　　　　二、考察和评估其他网站的推广方式 ……………………………… 185

　　　　三、网站推广的成本和收益的估算 ………………………………… 185

　　第 3 节　目前网站的主要推广方式 ………………………………………… 187

　　第 4 节　搜索引擎推广 ……………………………………………………… 188

　　　　一、主机和域名的选择 ……………………………………………… 189

　　　　二、关键词的选择 …………………………………………………… 190

　　　　三、网站链接策略 …………………………………………………… 192

　　　　四、网页的优化 ……………………………………………………… 193

　　第 5 节　社区营销式的推广 ………………………………………………… 199

　　　　一、博客推广 ………………………………………………………… 200

　　　　二、SNS 网站的推广 ………………………………………………… 201

三、网摘推广 ·· 202
四、分类信息网站推广 ·································· 203
五、论坛推广 ·· 203
六、知识问答式推广 ····································· 204
七、商业资源合作推广 ·································· 204
八、病毒营销式的推广 ·································· 205
九、线下的推广 ·· 207
十、其他形式的推广 ····································· 207

第13章　网站开发实例 ·································· 210

第1节　网站开发实例——在线图书网的网站开发 ············· 210
一、网站系统总体设计 ·································· 210
二、网站数据库设计 ····································· 213
三、网站的界面设计 ····································· 216
四、网站的前台静态页面制作 ························· 217
五、网站的后台程序开发 ······························· 221
六、网站的整体实现 ····································· 225

第2节　学生作品展示 ·································· 225

第 1 章

网站的赢利模式

做网站的最终目的是什么?除了理想、爱好和工作需要外,还有一个重要的目标——赢利。赢利模式决定着网站的生死、网站财富价值的等级、网站核心竞争力的高低。网站要有强大生命力,就必须有能够让网站在激烈竞争中立于不败之地的赢利模式。

第 1 节 模式决定收益——
网站的主要赢利模式

赢利模式诞生于需求,但是并不止步于需求。在互联网上,用户的某些需求是可以免费获得的,比如邮箱、网络新闻、即时通信和搜索等服务,但如果只有免费服务,网站就难以赢利。

在互联网的发展过程中,往往基础服务是免费的,如看新闻、使用即时通信聊天、使用电子邮箱、搜索信息等。网站必须在基础服务免费的前提下,产生一些收费的增值服务。比如,百度通过提供基本的免费搜索服务聚集了较高的人气,其广告也就具备了商业价值。

网站拥有优良的赢利模式是非常重要的,这决定了网站的现实收入和运营前景。本节将重点介绍网站的各种赢利模式。

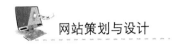网站策划与设计

一、网站赢利模式的分类

目前网站的赢利模式可以分为三大类,分别是信息模式、线下模式和拓展模式。接下来将对这三种主要模式做简单介绍。

1. 信息模式

信息模式是指通过提供各种信息服务达到赢利的目的,它还可以细分为两类:

第一种是新浪模式,即通过为网民提供各种服务,诸如新闻资讯、免费邮箱等,吸引大量网民访问(其页面就如同一块放在闹市中的广告牌一样),从而使其页面具有较高的商业价值。

第二种是信息网站模式,即网民发布信息,为大家建立一个沟通的信息平台,也就是搭起了一座桥梁。它的价值就在于降低了传统模式沟通的成本。目前绝大多数网站的收益来自该模式。这种模式建立在拥有大量的用户群体和访问者的基础之上。

2. 线下模式

线下模式更多的是利用线下的运作来赢利。举例来说,很多交友网站本身的许多功能是很少能赢利的,但是这些交友网站常常通过举办线下活动,诸如聚会、舞会等,来收取门票等费用。携程、亿龙等网站也是这种模式,它们的主要收入来自线下机票和酒店预订、旅游等收入,网站对于它们来说,只不过是展示柜台而已。这种模式的特点就是赢利点是通过线下交易或者活动达成的。

3. 拓展模式

拓展模式目前很少,这种模式主要表现在延伸互联网的应用,诸如网上支付服务就是这种模式。这种模式的特点就是既不靠信息模式来赢利,同时也不靠线下模式来赢利。

二、网站赢利模式的常用手段

下面介绍网站最常用的一些赢利手段。

第1章 网站的赢利模式

1. 广告

广告是大部分网站赢利的主要渠道。广告商通常会寻找跟自己产品风格、受众有共同点的网站进行广告发放。吸引广告商有两大法宝：

（1）有绝活，能吸引大量流量

像百度这样的著名搜索引擎，已经变成大部分人上网的入口，是找信息必去的地方。《纽约时报》的网站上有大量精彩内容，并且用户群很大。这些网站都有自己独特的地方，能吸引大量廉价流量。

（2）能够吸引高度准确的有商业价值的流量

网站主题越宽泛、越娱乐化，广告价格就越低。如果网站流量都是有某种爱好的特定人群，并且有消费力，广告商会愿意付更高的价钱。

最后需要知道的是，与广告商直接交易是最划算的，但是小而娱乐化的网站很难被广告商看上，所以又要回到以上两点，要么流量大，要么用户群定位精准。

2. 收费项目

开发一些收费的服务项目，是大多数网站除了广告以外的另一个主要赢利模式。网站的收费项目名目众多，主要有以下几种。

（1）付费游戏

除了国内最著名的专业游戏公司（如盛大）外，搜狐、网易和新浪等主要的门户网站均推出了自己的网游系列产品，网络游戏收入已成为这些网络公司收入的重要来源之一。国内最大的搜索引擎网站百度就开发了弹弹堂、武侠风云和商业大亨等网络游戏，吸引了众多网友的眼球，在搜索服务以外又开辟了一片天地，如图1.1所示。

百度游戏创造的赢利模式，关注的是网络游戏玩家人群和网络游戏运营商。如果该产品和赢利模式得到市场认可，百度很有可能将该模式衍生到其他领域，如旅游出行领域。

（2）服务功能收费

此类收费适用于门户网站和专业咨询类网站，主要收费领域为电子邮件、主页空间、租赁服务、内容定制、专业咨询和网上业务。

图 1.1 百度开发的弹弹堂游戏

(3) 移动增值业务

移动增值业务主要包括图铃下载、短信服务等, 如图1.2所示。各大门户网站、娱乐网站及专门为短信提供内容服务的 ISP 是这类业务的主要获利者。中国移动也在其网站上开辟了一个专供手机付费下载图铃的区域, 这种快捷且内容丰富的模式给中国移动带来了大量的收入。

图 1.2 网站提供的付费下载业务

(4) 信息内容收费

这种收费方式主要有 3 种类型:

① 向其他网站或媒体销售新闻和信息内容；

② 付费浏览网站；

③ 付费查询数据库。

（5）网上咨询及教育

这种模式就是在网络环境下，以现代教育思想和学习理念为指导，充分发挥网络的各种教育功能和丰富的网络教育资源优势，向教育者和学习者提供网络教学服务，这种服务体现在用数字化技术传递内容、开展以学习者为中心的非面授教育活动。远程教育网站及各种网校等都属于这种赢利模式。

（6）网上社区及交友

新浪、搜狐、雅虎中国和网易等许多门户网站都有自己的社区交友专栏，其主要赢利方式是收取会员费，并向 VIP 会员提供更优质、特殊的服务。还有像中国交友中心这样的专门从事网上交友活动的网站，除了向 VIP 会员收取会员费外，还会通过组织线下交友活动赢利。

3. 电子商务

电子商务主要分为 B2C、C2C、B2B（B 表示商家，C 表示消费者），其中 B2B 主要通过收取会员费赢利，C2C 主要靠收取交易中介费赢利，B2C 可以直接获取相应利润。

目前电子商务赢利模式有会员费、广告费、竞价广告费、摊位费、物流费及仓储费等。

单论一个网站的注册用户数是没有任何价值的，因为注册用户可以作假，并且用户注册了但永远不登录更是没有任何价值。最可靠、最有价值的指标是每天登录用户的数量，即活跃用户的数量，这能比较准确地反映用户黏性。

如果一个 B2C 网站每天有 1 万的活跃用户数，销售就非常可观了，毕竟电子商务网站的用户登录的主要目的都是买货。据估计，京东商城的用户黏性与活跃度是 B2C 电子商务行业第一，所有用户中有 50%以上一个月访问 2～3 天次。

C2C 网站的收费来源主要是服务费和网络广告等。

例如，eBay（易趣）的赢利模式是向用户收取店铺费、商品登录费、交易服务费等费用。普通店铺月租费原为35元/月；而商品登录费则因商品类别、价格的不同而不同，最便宜的登录费为0.8元/月，而较贵的，比如汽车、摩托车等超过2 000元的商品的登录费为8元/月左右。

电子商务在个人网站的运用，不仅是卖东西，还有非常大的业务是帮助厂商宣传产品，包括发布软文、体验、主题广告和活动，这些需要站长自己去找资源。很多互联网的资深工作者都说，电子商务是未来的趋势，个人网站如果要长期发展，务必要搭上这趟列车。广告联盟虽然也是主要的收入方式，但毕竟有局限性，不能长期依赖。所以，个人网站要与时俱进，还是要考虑改变赢利模式，与电子商务结合是不错的方式，值得人们尝试。

4. 搜索竞价

搜索竞价是由全球最大的互联网服务商雅虎首创的网络营销推广方式，这种模式可以让企业的产品和服务出现在众多搜索引擎中，让需要这种产品和服务的潜在客户主动找到企业，是向用户免费展示产品和服务的良好渠道。

例如，搜索引擎网站的代表——中国的百度，通过卖关键字和出售搜索页面上的位置资源获得收入。百度还开发了"百度竞价排名"，这种模式是百度首创的一种按效果付费的网络推广方式，用少量的投入就可以给企业带来大量潜在客户，能够有效提升企业销售额，如图1.3所示。

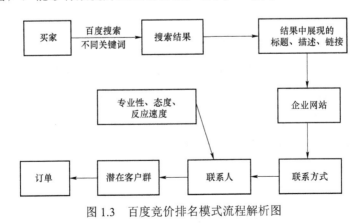

图1.3 百度竞价排名模式流程解析图

每天会有超过1亿人次在百度搜索信息，企业在百度注册与产品相关的

第1章　网站的赢利模式

关键词后，就会很容易被查找这些产品的客户找到。百度竞价排名按照给企业带来的潜在客户访问数量计费，企业可以在投入少量资金的基础上获得最大回报，因此百度推出的这种模式也赢得了大量的企业用户，获得大量收入。

5. 其他赢利手段

除了前面介绍的四大类最常用的网站赢利手段外，通常还有以下几种方法给网站带来一定的收入：

① 产品招商；

② 分类网址和信息整合；

③ 付费推荐和抽成赢利；

④ 广告中介；

⑤ 企业信息化服务。

第2节　各种网站赢利模式

不同类型的网站有适合其自身特点的最佳赢利模式，在此详细分析几个代表性较强的网站的赢利模式。从这些网站赢利模式的成功经验中，可以学到不少实实在在的东西。

一、51社区的赢利模式

创立于2005年的51.com虽然运作时间不长，但是在赢利方面取得了很好的成绩，这个社区的模式值得仔细研究和借鉴。

51.com的赢利模式根据其社区的不同特性而有所不同，大体可分为广告、礼物竞价排名、会员费、51秀、稀有位置的展示销售及虚拟装饰物等。除了广告这种最主要的赢利模式外，其他几种都属于互联网增值的模式。

1. 广告赢利模式

在各种赢利模式里，广告是互联网网站的基本赢利模式。广告虽然是传统模式，但是其蕴含的能量却是巨大的。如果对广告本身采取不同的运用方

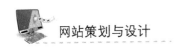

式，那么其广告效果就会有所不同。51社区作为用户群巨大的社区，在面对不同用户群时，广告所起到的效果也不同。

51社区上的广告既有如百事可乐、诺基亚、三星等著名品牌，也有新上线的网络游戏、新生网站。除了Banner广告外，还可以在51社区的家园里投放广告。

51社区还利用社区的优势来举行社区活动，这样可以在短时间内网聚大量人气，达到良好的广告效应。比如，在51社区举行的百事"我要上罐"活动，就吸引了超过百万人，取得了极佳的广告效果。

2. 会员制的赢利模式

一般情况下，网站的会员有级别区分。51社区的会员分为普通会员和VIP会员。相比普通会员，VIP会员拥有更多的个人展示机会、购买商城打折品等权利。

2007年9月30日16时，51社区网站全国总在线人数高达449 915人，其中有VIP称号的用户26 700人，占总在线人数的6%。按照这个比例来估算整体的VIP会员数，以51社区对外宣传的8 000多万用户数量来看，51社区的VIP用户数多达百万以上。每个VIP用户月租费为10元，那么51社区仅VIP会员费一项月收入就能达到4 000万元，一年则可达到4亿元以上。

3. 礼物的竞价排名及大广播的赢利模式

51社区有一个产品是同城在线，其设置了一个叫作"魅力之星"的榜单，每月收到礼物最多的用户被称为关注度最高的用户，也就是鼓励用户多选用线上送礼的方式来增加人气。

二、百度的赢利模式

百度等门户搜索引擎除了提供强大的搜索功能外，自身也具有极为深厚的网络赢利功力。可以通过探究最著名的百度网站的具体运行模式来窥见其获取巨大财富的巧妙手段。

百度在中国市场中拥有较高的知名度和公信力。百度充当各类商家企业与购物者之间的中介，其搜索服务的提供商每让二者建立一次联系，就能从

第 1 章 网站的赢利模式

中抽取一小笔佣金，此举让百度从中获得大笔可观的经济收益。

从搜索引擎的关键词匹配广告，到根据网页内容和用户的 IP 地址进行定向广告投放，以及根据用户搜索行为自动识别用户的身份和需求类型，百度通过各种途径获得用户的关注，更精准地识别用户的身份，在不同的平台推送广告主的信息。如此准确投放广告的方式，正好迎合了广告投资商最基本也是最大的渴求，所以百度总是能够得到最多投资商的青睐，这种准确定位的赢利模式值得所有搜索引擎网站学习。

针对同样的目标用户，百度的长尾网站联盟的广告投放的价格比雅虎等门户网站便宜很多。广告商自然会选择投资少、效益高的广告投放方式，这也是雅虎等传统门户网站在吸引广告商方面最终被百度打败的原因。

三、人人网和开心网的赢利模式

近年来，开心网、人人网（即以前的校内网）等社交网站迅速成为大学生、白领等网络消费人群的主要交流和娱乐的工具之一。然而开办网站更实际的问题是赢利，接下来对开心网、人人网这样的网站的赢利模式进行剖析。

1. 人人网如何赚钱

（1）广告

页面广告是所有网站最基本的赢利方式。人人网页面充满了各种各样的广告。

（2）为 APP 提供平台

人人网是一个交流平台，上面聚集了很多 APP（应用程序），数量巨大的 APP 带来了数量相应庞大的经济收入。比如一款叫作"校内农场"的 APP，其每天的收入就接近 5 万元，这样一个月的收入就有 150 万元，而这只是人人网上能够为其带来大量收入的几百个 APP 中的一个。

现实生活中的家乐福超市也是一个平台。家乐福在售的绝大部分产品都不是家乐福自己生产的，而是经销商生产的，家乐福的作用只是负责进货、销货和收款。人人网也是这样的一个概念，其是一个平台，所有 APP 都可以来此赚钱，只要你的 APP 做得足够好即可。

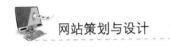

（3）虚拟货币

校内豆这样的虚拟货币的出售，能为人人网带来一笔可观的收入。为了在游戏中获得快感，用户愿意额外花费许多校内豆。某个朋友生日了，人人网会主动提醒你去赠送生日礼物。但这不是最主要的赢利方式，因为在其用户群中绝大多数是大学生，这一群体并不是可以承担或者愿意承担仅有一点简单娱乐效果的消费者。

（4）VIP 会员服务

人人网推出的 VIP 会员服务和大部分网站一样，需要缴纳会员费。成为 VIP 会员之后，可以拥有普通会员没有的一些特权。

（5）付费调研

由于人人网这样的网络平台拥有大量用户的真实资料，所以它可以为商家做比较有针对性的市场调研。这是一种付费调查，每份调查报告都能给网站带来收益。

（6）活动赞助

由于人人网拥有大量的客户，很多企业把他们的产品的推介和促销信息放到了人人网上。同时，网站在举行各类自我宣传活动中还带上了许多冠名商。一些娱乐传媒也通过公共主页的形式在人人网上进行宣传。

（7）即时通信软件

人人网的桌面软件虽然起步很晚，用户量还较少，但是也正在逐步吸引用户。人人网、移动飞信、UC 等即时通信软件的市场潜力是巨大的，这些公司都在努力抢占先机，争相获取这个市场的市场份额，以在将来获得更加巨大的经济收益。

2. 开心网的植入式广告模式

用过开心网的用户应该都会注意到开心网目前探索的那种独特的新广告模式——植入式广告。这种新型的广告模式不同于百度那种传统的 CPM、CPC 等直接点击或浏览数付费的形式，而是将广告内容完全融入游戏和服务之中，使品牌的认知在不知不觉中在用户心中被强化，从而得到消费者的认可和潜在消费力。

第 1 章　网站的赢利模式

注意：植入式广告是指将产品或品牌及其代表性的视觉符号甚至服务内容策略性地融入电影、电视剧或电视节目等各种传媒内容之中，通过场景的再现，让观众在不知不觉中对产品及品牌留下印象，继而达到营销产品的目的。

在当前的电影、电视节目中，经常可以看到植入式广告的镜头，例如，在主角与赞助商品同时现身时，均会伴随数秒的特写，或者将商品名称台词化、道具化，目的都是加深该品牌在观众心目中的印象。

相对于传统广告形式来说，植入式广告通常将商品品牌融入娱乐元素中，这样比较容易获得消费者的认同与好感，避免了消费者看广告时所产生逆反心理，在潜移默化中增加了品牌的影响力，其效果要优于传统广告形式。不过，植入式广告因为没有量化的销售和统计方式，实际收效也没有量化的评测指标，同时，也没有权威的工具对广告效果进行评估，因此植入式广告在推广上存在很大的难度，不如传统广告那样易于评估。

开心网目前所探索的植入式广告已经具有相当多的品牌，并且已经融进了开心网大多数热门游戏之中，从广大用户的使用过程来看，大多数用户没有对这类广告产生反感，对于一些陌生的品牌，往往还会产生一定的兴趣和好感。

在开心网的"花园"中，从多个角度推广了"悦活"这个果汁品牌。虽然大多数人对这个品牌很陌生，但免费的东西自然很吸引人。在果园的"道具店"中，悦活场景卡是唯一可以免费领取和使用的道具卡，使用之后，农场的背景会发生变化，并会赠送多个悦活种子。

即便不是知名大品牌果汁，通过这个游戏，也能让用户在种地、榨汁抽奖的过程中增加对"悦活"品牌的好感，这样的方式大大增加了品牌的曝光率，从而间接地增加这种果汁的销量。

植入式广告这种形式在类似开心网的众多 SNS 网站上已经非常普及。这种类型广告在吸引用户注意的同时，也强化了品牌自身的魅力，在潜移默化之中争取到消费者的好感，是一种非常完美的网络营销形式。不过唯一令广告商头疼的是，植入式广告的实际效果很难量化评测和统计，通常只适用于 SNS 和网页游戏类网站，而不太适合传统类型的网站。

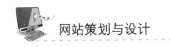

四、携程网的赢利模式

携程网的本质是以互联网这样一个强大的交流工具作为运作平台的中介机构。携程网的利润来源主要是酒店预订代理费，机票预订代理费，自助游中的酒店、机票预订代理费，保险代理费及在线广告等。

携程网的赢利模式本质上就是会员模式，它不计成本地发行会员卡就是为了获得足够的使用会员，然后赚取旅游中介的费用。这种模式对于该类型的网站有 4 种显而易见的好处。

1. 低成本运作

携程会员卡的积分制保证了它的会员卡的重复使用率。虽然积分具有一定的成本，但是重复使用会增加更多的利润，同时，也会降低单卡的发行成本。

2. 会员的消费实力

携程网的会员主要是中高端的商务会员，这样的一个群体不仅有较强的消费能力，而且具有使用该业务的需求，使用频率非常高。对于携程网来说，单个会员有较高的使用频率对它的利润贡献更重要，而扩大会员量只是为了从商户那里得到更低的折扣。

携程网发卡的成本其实并不算高，因为一个会员使用 10 次就相当于 10 个会员，因此，如果发行 10 张卡，只要有一个人加入会员，就可以保证网站赢利。所以，携程网广泛发卡只是为了首先从人群中区分出它所需要的目标客户，发卡的成本也可以看作是网站自身广告的投入。

3. 先入为主的市场竞争力

携程网在发展了数量庞大的会员之后，对于相同模式的市场后进者就是一个强硬的"壁垒"。除非竞争对手可以提供更低的折扣优惠、更便捷可信的服务，否则无法轻易转移它的会员。这也使它的市场先入优势最终转化为它的核心竞争力。

4. 形成准入门槛

当携程网的会员发展到一定规模时，它的会员卡将不再是毫无价值，相反，它因为能够为会员带来额外的实际好处而对非会员形成了门槛。也就是说，它把中介平台做得足够大了以后，就占据了较为强势的地位，这也是后来携程网不再免费发卡的原因。

现在，携程网开始利用它所掌握的旅游资源和客户资源，向会员提供更多具备更高附加值的服务，比如，将机票和酒店业务整合在一起的自助旅游服务项目，就能够获得更高的利润。

从携程网目前的发展方向来看，互联网对它而言渐渐隐退为一个信息和资金的流通平台，而不再充当最主要的赢利工具，网站获取利润更多的渠道还是来自线下的交易。

五、婚恋网站的赢利模式

从2005年开始，国内婚恋网站进入了大发展时期，目前，在包括百合网、世纪佳缘、嫁我网和中国交友中心等各大婚恋网站上注册的网民已经超过3 000万。

这类网站中的佼佼者就是百合网，下面就百合网的赢利模式做分析。

婚恋网站主要采取合并门户交友频道的方式，使自己网站的注册人数和流量都得到了极大的提升。目前，众多的交友网站、社区网站难以赢利，如果婚恋网站也选择"社区化""论坛化"的形式，若没有更多广告商的投入或者付费项目的开发，即便网站流量大增，也并不意味着这些网站的收入可以大幅度提高。

其实除了增加流量、投放广告之外，这种类型的网站自身开发新的服务项目也能吸引到大量客户。以百合网为例，在2005年年中到2007年年底这段时间里，依靠心理测试和心灵匹配吸引了800万注册用户。但进入2007年，接近半年的时间只增长了不到100万新用户。但从公布的数据来看，其用户结构却发生了重大的变化，尤其是在2006年10月百合网正式推出金百合服务之后，百合网的用户已经非常明显地与交友用户区分开。

同时，由于其心灵匹配模式的推广，吸引的用户群不再是之前的"急婚"一族。在百合网自己的用户调查中，有超过70%的用户在对婚姻的要求上，精神的契合要大于物质条件的匹配；而对于期望的结婚时间，有超过26%的

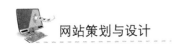

用户选择是不在乎多长时间，重要的是找到最合适的人。

由此可见，百合网的金百合用户才是典型的婚恋网站用户群。在2007年，金百合的用户月平均收入达到了8 000元以上，年龄层集中在26～36岁，而平均每位金百合用户为百合网贡献的收益高达5 000元。百合网能够抓住这个人群的眼球，就是网站用户数目和服务收益的保证。

六、盛大网络游戏的赢利模式

付费游戏是众多游戏网站最直接的收益途径。许多网络游戏运营商除了推出付费游戏外，也会有非付费游戏，非付费用户的数量是极其庞大的。那么，盛大是如何使非付费用户转化为付费用户呢？

自2005年盛大宣布实行网络游戏免费服务以来，各个厂商都全力跟进，一时间免费网络游戏风起云涌，成为市场主旋律，其中不乏像金山的《仙侣奇缘2》、雷爵的《万王之王2》这样的重量级作品。

广大的游戏开发商和运营商不可能放弃网络游戏这样一个赢利工具，除了收费道具和插入式广告外，在免费网络游戏中寻找新的赢利模式就成了当务之急。

游戏周边通常指游戏版权所有者开发的或者通过相关授权开发的与游戏内容有关的实物表现形式。在电子游戏发达的国家，游戏周边的开发早就成为游戏产业的一个重要支柱。

电子游戏是一门综合视觉艺术，它的触角几乎可以伸向传统艺术的各个领域，所以说游戏周边的市场容量相当惊人。按照国际通行的判断标准，一个成熟的游戏周边市场的产值，是电子游戏业直接产值的2～9倍，如果再算上游戏周边市场的大众影响力，其价值更是电子游戏业本身难以达到的。

以日本为例，日本游戏厂商推出的游戏产品，至少1/3的利润来自游戏周边，而整个日本游戏业的市场空间，将近一半都是游戏周边的天地。随着中国网络游戏市场的日益成熟，加上现在大部分游戏采取免费运营的方式，这也导致游戏开发商们将赢利的希望寄托到利润丰厚的游戏周边产品上。

盛大在周边开发上也不落于人后，盛大的游戏周边市场分为出版物和出

第 1 章　网站的赢利模式

版物以外的游戏周边产品两大类。

出版物包括游戏攻略、动漫、社科类图书，以每月大概 20 本的速度出版，特别是游戏攻略的图书，是其推广的重点。

而对于非出版类的衍生产品，盛大比以往更注重产品的实用性，从以往的玩具、纪念品变成现在的手机链、T 恤等。产品销售体系也已经从一些网络游戏玩家经常出没的场所走向了大众场所。上海新世界 8 层的玩具商场，已经能看到盛大娱乐出品的衍生产品，从 T 恤、绒毛公仔到钥匙圈，琳琅满目。

这些周边产品的内容已经不局限于盛大自己运营的游戏形象，而是包括像樱桃小丸子和华纳拥有版权的一些形象。在这样的布局下，盛大的游戏衍生品销售额已是刚涉足这个行业时的 18 倍。

网络游戏周边产品是目前国内网络游戏有待进一步开发和完善的部分，对于网络游戏开发商来说，它是一块还没有分配的巨大"蛋糕"，对于玩家来说，它提供了一种参与游戏的全新方式。游戏周边市场必将成为网络游戏市场中的一抹亮色和最重要的利润来源。

七、百万格子网站创造的赢利奇迹

百万格子网站由一个年轻的美国学生亚历克斯·图创办。他在自己的网站首页划分了 1 万个格子出售，每个格子的价格是 100 美元。买家可以在自己购买的格子中随意放置任何东西，包括特意设计的图片链接、个人网站 Logo、公益广告甚至是个人名字等。在短短的几个月之内，所有格子都卖了出去，亚历克斯·图轻而易举地赚取了 100 万美元。

建立这个网站几乎是零成本，但它收获了 100 万美元，其投资的回报率高得惊人。正如耐克的广告语所说，"一切皆有可能"，互联网总是充满了奇迹。格子铺的本质虽是卖广告，但是它却抓住了一个数量巨大的群体需求，将那些需要在网站上推广的组织和个人以很低的价格进行推广。当他卖出 1 000 美元的时候，他开始写新闻稿，引起了媒体的关注。随着知名度的提高，订单也越来越多。最后实际的订单超过了所能提供的格子，网站创办人不得不把格子拿到 eBay 去拍卖。

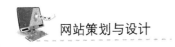

中国也很快就出现了类似的网站，虽然并没有卖出所有格子，但其本身也取得了相当大的成功。不过这也仅仅说明在一定程度上这样的模式是可以模仿的，但是由于这是一个没有技术含量的网站，太多人跟风进入，必然不可能全部取得成功。这个模式只是一个大胆的实验性产品，从长期看，它不是一个类似于社区或提供信息服务的网站，而是一锤子的买卖，因此这种模式不是一个可以持续的赢利模式。

百万格子网站的成功，所具有的更大意义在于，其告诉我们，互联网是一个可以创造奇迹的行业，它开阔了我们的思路，告诉我们一起去努力，产生更多创意，创造更多奇妙的体验、更丰富的世界，以及由此所带来的更多的财富。我们需要的是创造，而不是一味地模仿。这样的机会只有一次，奇迹不可能重复。

第3节　如何找到网站的赢利模式

什么是最好的模式呢？最好的赢利模式就是能够产生印钞机效应的模式，比如谷歌在融合计算机科学、用户行为及商业动机方面做得最成功，并在此基础上产生了搜索市场关键字广告。用户的每一次广告点击，商家都要为谷歌付费，并且这种商业模式是难以模仿的，竞争的壁垒非常高。

从终极意义上说，掌握了终端的用户数，其赢利模式是可以无限包容和创新的，这是赢利模式的"王道"。腾讯就是这样的一个例子。现在的腾讯囊括了几乎互联网所有的赢利模式，从网络广告、网络游戏、互联网增值、无线增值一直到电子商务。但是腾讯有几亿用户，而对于新创网站来说，是无法企及的。

赢利模式是有高低之分的。传统的低价进、高价卖是卖牙膏、香烟的日常小店也可以做到的。这是实在的模式，但不是最好的模式。好的模式就是能够源源不断地获得利润的收入模式。

赢利模式的好坏对不同的人来说是不同的。电子商务网站，比如B2C这

第 1 章 网站的赢利模式

样网站的商业模式的好坏很难有明确的结论，比如网上卖书的网站，因为这样的网站，模式很简单，可能并不一定是好的模式。而对于新华书店等传统的渠道商来说，如果它建立了网上商城，这可能是很好的商业模式。

赢利模式也是不断发展更新的，必须走在前面。以广告的赢利模式为例，从开始的条幅广告、图片广告，到现在拥有更加多样的广告形式，比如搜索广告、视频广告、分类广告等。

广告分为两种类型：硬广告和软广告。

硬广告是人们为了获取其他信息或者在某个空间等待时所播放的广告，比如在新浪首页看新闻、看电视节目时插播的广告，这些广告并不是消费者一定需要的。

而搜索广告更进了一步，谷歌左侧的关键词与用户搜索兴趣点相关，这样，左边的广告也许是用户所需要的。实际上已经为用户的需求做了一些考虑，这样的广告相对软一点。

实际上，最软的广告莫过于打动人内心的广告。比如豆瓣网站的广告。当豆瓣的用户看完对某本书的评论之后，在该页面旁边可看到能够买到该书的网上书店，并伴有价格的比较。这显然是为用户的需求服务的。同时，在此之前，其他用户对该书已经有了评论，为用户决策提供了很好的依据。

其实，在某种程度上，携程网虽然也是机票和酒店的电子商务提供商，但同时也是很好的广告商，因为它通过介绍旅游地方直接刺激用户的消费欲望。

未来的广告是能够把广告和销售的界限变得越来越模糊的广告，未来广告的前途在于软广告，所以，社区类的广告是广告业最具光明的未来。像Facebook、MySpace之类的社区广告会比谷歌的搜索广告、新浪网站的条幅广告更具有光明的未来。

德鲁克说过，创新都是辛勤劳动的结果。所有赢利模式的创造来源于运营的积累和不断的探索，就像当初谁也没有想到短信会成为门户网站一种重要的收入来源一样。

在寻找赢利模式时，首先要想到的不是赚钱，而是如何为客户提供产品

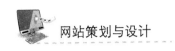

和服务。从以上的模式中，可以看到模式其实很简单，就是向客户提供其愿意支付的产品和服务，简而言之，就是：发现你的客户。

一、发现你的客户

发现你的客户有哪些需求还没有被满足。找到客户需求的过程就是发现你的客户的过程。

如何去发现呢？

首先是需求，需求创造了客户。发现需求，要考虑如下几个因素：第一，需求的程度，或者说依赖性；第二，需求的规模；第三，需求的可替代性；第四，竞争对手。

1. 需求的依赖程度

人的需求分为很多层次，比如说吃、穿、住、行、人身安全的需求是最基本的需求，是第一需求，也是不管人类发展到什么层次都不会消失的需求。假设发生经济危机，不管是整个经济体，还是个人，人们可以不去唱歌，可以不去买LV包，可以减少外出就餐等娱乐活动，但是不会减少吃饭、交通、交际等基本的需求，有些需求的依赖程度是很高的，有些则是可以被替代的。

对于互联网来说，查找信息、阅读新闻、通信、网上交易的需求是最基本的需求。而一些增值的服务，比如娱乐的需求，可能会因为经济的不景气而受到较大的影响。

所以，这样的商业永远不会消失，对于这样的商业来说，唯一的问题就是竞争对手太多，利润趋薄。

所以，依赖度越高的需求，市场就越大，受经济波动的影响越小。

2. 需求的规模

也就是会有多少人来使用该产品或者服务。比如做一个招聘网站，如果是行业类的招聘网站，如建筑类的招聘网站，需求的规模就只限制在建筑行业，而做一个综合的招聘网站，就没有这样的一个限制。需求规模的大小决定了市场的大小。当然，市场的大小本身与赢利能力没有必然联系。因为有时市场越大,竞争对手越多,胜出的概率越大。

3. 需求的可替代性

有的需求具有可替代性。比如,周末晚上与人约会,可以选择去看电影,也可以选择在咖啡厅聊天,还可以选择去听音乐会,这样的需求是可替代的。这样具有可替代性的需求,容易随着产业变迁而受到深刻影响。

4. 竞争对手

最后要考虑的是市场可能有多个商家进来,这个需求是不是已经有商家在里面提供,是不是已经做得很好?如果做得好,那么进入的成本将会很高,是不是值得进入?如果做得不好,是不是还有机会?

如果这是一个新的需求,没有人进入这个领域,那么是不是进入这个领域的壁垒很高?如果壁垒不高,如何来建立这个壁垒?进入这个领域的时机是不是合适?市场的培养是不是需要花费很大的成本?等等。

在进行以上需求分析的过程中,最好能够发现一种创新模式、一个不被别人重视的领域,然后做好定位工作,比如快速积累用户,形成优势。

对于赢利模式的举一反三的思考也是探索创新性赢利模式的关键,当然,这些前提都是基于用户的核心需求这个出发点进行的。

孙德良创办的中国化工网赢利模式很简单,即广告和会员费,并取得了成功。原因很简单,他发现了用户的需求。中国化工网有几千家会员,很多化工企业员工一上班就打开此网,人气的累积带来广告价值的大幅攀升。一个小小的 Banner 广告位一年也能卖 40 多万元。有的企业甚至怕广告位涨价,一次性订了几年。

对赢利模式和用户需求思考越多,就越容易发现很多互联网赢利模式的共同规律,都是由于用户自己的需求,比如在社区成为名人的需求、在婚恋网站上让更多人认识自己的需求。对于阿里巴巴和中国化工网这样的以企业用户为主的网站,也是相同的道理。当整个网站用户很多时,获得差异化的会员服务或者更多的展示机会,就意味着更多的生意机会。

在这些网站赢利模式的背后,都是大量用户集聚在一个网站之后,导致展示资源的稀缺。这种稀缺可以通过会员服务的差异化和展示资源的差异化

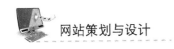

来达到让用户付费的目的。

最后，真正的商人不会对赢利模式加以区分，只要有人购买产品或者服务，该模式就是赢利模式，至于赢利的是广告，还是 SP，或是电子商务，都不重要。

从网站成功的角度看，赢利模式只是其中的一个因素而已，甚至不是决定因素，所以，并不是只要好的模式就能保证成功。网站要考虑市场的前景、用户的体验、网站推广、渠道、运营、竞争对手、管理等诸多因素。

现在的在线音乐由于可以免费搜索和下载，导致中国互联网音乐零售市场一直没有做起来。但是，即使如此，也可以进行创造性的在线音乐零售，只不过是换一种方式而已。比如，在一些交友社区类的网站，交友资料里可以设置好友最喜欢的音乐，在上面推出烧录个性化歌曲 CD 的服务。如美国的定制音乐零售商 MediaMouth 公司在美国 Facebook 社区推出烧录个性化音乐光盘的服务，就是一种音乐零售方式。MediaMouth 为在 Facebook 平台上的音乐零售业务起了一个名字，即"音乐礼物"（music gifts），这样 Facebook 可以刻录一个好友喜欢的个性化音乐光盘送给好友。该公司每首歌收费 99 美分，光盘可烧录最多 80 分钟音乐，烧录的光盘可寄送至用户家中。

这对中国很多音乐网站有很好的启示作用，比如目前的翻唱网站，其仍然没有找到好的赢利模式。翻唱网站可以与歌曲刻录公司合作，翻唱网站的用户可以自由挑选自己或者好友唱的歌曲，或者是合唱歌曲，然后请求把所选择的歌曲烧录成光盘。光盘可寄送给自己或者当成礼物送给好友。同时，也可以刻录原创的音乐。这样相当于网站和歌曲烧录公司进行合作，进行个性化音乐的销售，最后把歌曲烧录为光盘的收入进行分成即可。

社区性的网站，比如八通网（http://www.baio.cn）、八界网（http://www.8jee.com/）、东部朝阳（http://www.xinglong.net/bbs/）、回龙观（http://www.hlgnet.com/）的社区网站也是相当出色的，相当于小区门户，提供信息交流服务。从赢利模式看，这些网站可以提供广告，包括硬的条幅广告、软的社区广告，还可以提供社区内的 B2C 和 C2C 等诸多服务。这样的创业方式也是一个很好的尝试。

第 1 章 网站的赢利模式

二、开发你的产品或者服务

开发你的产品或者服务就是把想法变为现实的过程。这是一个极其复杂而又漫长的过程，要经过产品的构想、策划、实施和运营。

开发互联网的产品要进行网站的整体架构策划、网站的细节策划，准备投入的资金和人力、硬件，计划项目开发的日程，进行网站的页面设计、网站的技术开发、网站的测试。网站上线之后，还必须进行运营和推广。

关于创意的诞生，不同的人会通过不同的方式去完成，但是所有创意都是通过实践和思考实现的。

作者曾经在多个网站发表过博客，当写完一篇博客之后，需要复制粘贴到其他多个网站的博客中，并且还要登录网站、写标题、填写标签等，需要花费很多重复劳动的时间，刚开始时没有觉得什么，但后来感觉还是很麻烦，即使如此，当时并没有真正在意，毕竟不是每天都写博客，但是在潜意识中已经有了需求，知道如果在多个网站发表博客，在各个网站之间进行登录、复制、粘贴等动作是一件累人且价值不大的事情。

Meebo 这个网站有一个网页版的即时通信产品，不用下载客户端软件也可以和其他即时通信用户聊天，比如 MSN、Gtalk，这样，用户所使用的计算机即便没有安装即时通信软件，也可以进行在线聊天，这对于不允许安装即时通信软件的电脑用户来说，可以通过该网站进行即时沟通，免去了下载并安装软件的麻烦。

看到这个网站，更进一步想，假如它提供了一个共同的账号，这个账号可以整合所有的即时通信工具上的朋友名单，不管是使用哪个即时通信工具的用户，都可以在上面互通交流，那么这个工具的应用将肯定是广泛的。当然，从目前的情况来看，占据绝对优势地位的即时通信软件是不愿意开放的。

到了这里，思维还没有停止下来，因为既然 IM 工具都可以这样做，那么，个人空间类的网站是不是也可以呢？此时在头脑中已经有了即时沟通和延时沟通的概念，即时沟通的代表是 IM，而延时沟通代表的是个人空间网站，那么一切就很自然地联系起来了。

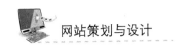网站策划与设计

既然不同版本 IM 之间存在互通互连的需求,那么基于延时沟通的网站也会有一个统一工具的需求,比如,博客、图片、视频等内容共享网站,可以做一个发布工具。例如,你有多个博客,可以通过一个发布工具发布到多家博客网站中,即使现在只有一个博客,其实也可以考虑使用一个发布工具,把博客发布到更多的网站。博客本来就是一个媒体,虽然每个人都有一个主博客,但是把博客发布到更多的博客网站,让自己的想法被更多的人分享,不也是一件很好的事情吗?对于照片的分享,同样的道理,通过工具,可同时上传到多家照片的分享网站,让自己的照片被更多人欣赏、评论。当然,有些用户只是希望跟自己朋友分享,那么也可以设置权限。

如果只发送到一个主博客或者空间中,虽然访问的人不少,但是从个人媒体的角度来看,想让自己的个人影响力最大化、分享最大化,最好被更多的人接触到。想象一下,整个互联网是一个大的社区,而这个大社区由大、中、小型网站组成,有些网站虽然小,但也有一些用户,小网站聚合起来,也可汇成大流。当把自己的博客用工具统一发布到多个网站时,就意味着自己的个人媒体价值最大化了。如果是营销类的博客,那么需求就更强烈了。

这种需求是实在的需求。

在产生这种想法之后,去百度搜索,发现已经有了博客发布工具,说明早已经有博客主急需解决这个问题,但是商用化、用户体验好、有名且普及的工具还没有诞生。这就是一个机会。

此外,还可以进一步完善,使其不仅可以进行日志的发布,还可以进行照片、视频及音乐等内容的发布,甚至还可以让用户在网站进行在线编辑文本、照片等,把要发布到各个网站的内容首先保存到本网站,经由本网站统一发布到各大博客网站、照片分享网站、视频分享网站,成为互联网用户管理自己的互联网内容的基地,所以也就成为互联网各种原创内容的集散地,成为万王之王。

除此之外,还可以做所有博客网站、照片分享网站、视频分享网站的管理后台,比如,用户在新浪、搜狐、网易、百度、QQzone、博客网等多处发表了博客,当各个网站有最新评论时,可通过本网站获悉并提醒,比如

第 1 章　网站的赢利模式

新浪博客有最新评论留言了，用户以可通过点击链接进入新浪博客进行查看和回复。

这样，它又相当于是所有博客、照片、视频等分享网站的内容管理后台，用户可通过该网站管理所有的博客、照片、视频分享内容。不仅是发布，还涉及留言的查看、回复、内容的删除和更改等。

如果真能实现如上的假想，用户将来发布博客、照片、视频不是首先登录各大分享网站，而是首先登录这个内容管理网站，通过这个网站了解自己整体互联网内容的动态情况。这样就成为用户真正意义上的个人门户。

以上想法纯粹是一个思维的想象，要变成现实，还需要经过很多的努力，比如，技术实现问题、商业问题等。此外，这种模式目前还没有人做，所以可能会碰到很多意想不到的困难。

但不管如何，做一个新模式，比做一个所有人都在模仿的模式更具有创新性，同时，也有更多机会来赢得潜在用户。

第 2 章

如何选择网站的赢利模式

前面已经列举了各种各样的网站赢利模式,同时也详细探讨了当前最有代表性的几类网站的赢利模式。俗话说,最适合的才是最好的,不同类型的网站适合的是不同类型的模式。那么,该怎样选择最适合自己要建设的网站的赢利模式呢?本章将探讨这个问题。

第1节 找准网站自身的位置

网站的赢利模式大致上可以概括为:一是卖产品,二是卖服务。不过这句话并没有什么实质性的启发。对于新创立的网站而言,什么样的赢利模式才是好的赢利模式,才是实用的模式呢?

在考虑网站的赢利模式时,重要的不是有哪几种赢利模式,也不是进行什么创新,如果为了创新而创新,那么就是自欺欺人。如果有足够的条件,最好不要去考虑赢利模式,重点考虑的是用户需求和用户体验,当然,对于大多数网站的创业者来说,这是不现实的,在没有强大的资源支持下,只能一步步走过来。

做面向客户的网站,最重要的是发现并满足用户的需求,找到真正的需求点,便是找到了吸引大量客户的"钥匙"。

最好的商业模式是什么?最好的商业模式就是能够产生印钞机效应的模式。比如百度在融合计算机科学、用户行为及商业动机方面做得最成功,并

第 2 章 如何选择网站的赢利模式

在此基础上产生了搜索市场的关键字广告。用户的每一次点击广告，商家都要向百度付费，这样大把的钞票就直接流入百度的"荷包"里。eBay 也是这样一个强大的网站，用户的每一次交易都要向 eBay 缴纳手续费。至于这种赢利模式属于网络广告模式，还是网络游戏模式，或是互联网增值服务模式，都不重要，重要的是它本身的需求及独特性。这些模式并没有超越广告、互联网增值、移动增值、收取服务费等赢利模式，它们是整合了资源，创造了需求，找到了解决之道，进而找到了最好的赢利模式。

好的模式是能够源源不断地获得利润收入的模式。成功的商业模式无疑是好的模式。但是对于不同阶段的个人和企业来说，模式是好还是不好，还得看具体的情况。并且更重要的是应用的创造性、应用所带来的客户价值。总之，适合自己的才是最好的。

第 2 节　如何确定网站的赢利模式

在运营一个网站的初始阶段，确定选用哪种模式是非常重要的问题，下面将从几个层面来对这个复杂问题进行探讨。

一、用户定位

这个方面非常重要。不仅要考虑用户的需求，更重要的是要考虑用户能够给我们带来什么，是网站流量还是人气，或是可以增强企业的访问量。另外，我们又能给用户带来什么，是信息的浏览，还是网站的体验，是生活的便利还是能满足一部分特定用户或是大范围的用户群。

网站要想赢利，必须要有明确的受众基础，如果没有明确的受众基础，那么网站的流量就是垃圾流量，如果不能确定什么人来看你的网站，那么你的网站很可能是杂乱无章的，这样的网站是不会有黏性的。在这样的网站做广告又有何意义？

做网络项目首先要确定哪些是自己的受众，就如同传统产品营销首先要

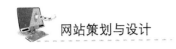

确定市场一样，比如你的网站的定位是什么，能不能锁定一个清晰的用户类型；接着要分析受众为什么来你的网站，为什么他们不去别的网站，他们需要的究竟是哪方面的信息和服务。这些都是我们必须思考的问题。

二、网站功能定位

我们的网站可以为用户提供什么样的实际效益？我们的网站对用户有多重要？是否是独一无二、必不可少的呢？还是一般重要？主要体现在哪里？如果是个人用户，那么我们为个人带来了哪些效益？如果是企业用户，我们能够为企业用户带来什么样的效益？是不是效益大到可以向企业收费呢？我们用哪些形式向企业用户收费？要分析你的网站能否黏住受众。

现代传播理论告诉我们，通常情况下，一次传播是不足以对受众产生太大的影响的。此外，还要看你的网站传播的信息能不能让受众信任，如果不能，那么你的网站恐怕就经营不下去了。使用过网上购物的朋友大概都有这样的体会，你不会在第一次登录后就购买产品，而是在登录几次后才去购买，这就是信任问题。试想一下，有几个用户会相信在一个充满虚假内容的地方有真的产品或服务呢？

三、模式的可行性

这种模式是不是很容易操作？如果太过复杂，是不是增加了运营成本？最关键的是，该网站有合适的信息传达模式吗？也就是能不能将网站和客户的信息有效地传达到受众那里，同时能够将受众有效反馈到网站和客户那里。

第3节　如何使网站赢利最大化

对于网站来说，尽可能多地获取利润是网站运营最终的目标。当策划一个网站的赢利模式时，可以参考以下几条颇有见解的建议。

第 2 章　如何选择网站的赢利模式

一、以专业知识和特色赢利

专业内容可以吸引用户，让用户愿意付费来查看信息，网站本身的广告价值也比较高，也容易吸引高质量的广告主。

专业性质的网站对站长的要求比较高，不仅要求有很深厚的专业知识，还要有极强的创新能力，比如艾瑞就以专业的数据分析、排名作为建站之本，后来者只是模仿者，但是模仿者想要超过标准建立者，需要付出很大的代价，并且几乎是不可能的。艾瑞网整个网站都是以专业的经济分析为主，故其他网站一般难以模仿。

如果做专业型的特色网站，模仿是没有出路的，要多发现、多尝试。

二、通过网站内容收费

网站都要靠内容生存，所以通过内容收费是一种不错的赢利方式。比如可以建立一个英语学习资料的收费会员站，若网站拥有忠实会员，可以定期向会员收取会员费，如果其他的网站想要拥有数量众多的忠实会员，必须要在内容上下功夫。不过，如果出现了很多类似的免费网站，就一定要在做好内容的同时，控制内容的流失。这一类网站有一点要注意的是，如果短期不能很快做起来，模式和内容会被抄袭。

例如，论文天下抓住了用户上网站查找论文的需求，以收费论文为赢利点，就能迅速发展起来，如图 2.1 所示。

三、依靠提供服务赢利

通过各类增值服务来服务用户的优势在于，给用户提供了满意的服务，自然就很容易赢利了。如果网站能够深入分析某一个类型网友的需求，知道他们需要什么样的服务，然后再充分了解这些网友的状况，帮助他们解决实际问题，就很容易和网友建立非常好的关系，那么网站也就可以很方便地通过这类增值服务得到赢利。

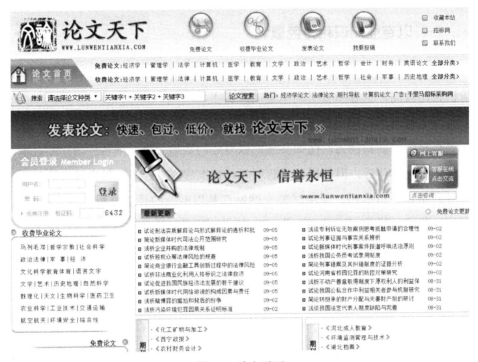

图 2.1　论文天下

制作这类网站，需要慢慢地对用户进行培养，增加用户的黏性。把网站和所提供的服务都尽量做得专业，在行业内形成一定的影响力，然后再向服务对象和被服务对象收取服务费用，这样网站赢利就顺理成章了。

如现在大量涌现的团购网站，就是通过为用户提供团购服务，从而实现赢利的。

第 3 章

如何成为合格的网站策划人

本章是写给那些想成为网站策划人的读者的,特别是那些想进入互联网行业的人。如果你想创业,那么先在网络公司从事网站策划工作可以很好地历练和积累经验。

网站策划人员是网站的核心群体之一,但是其诞生也不过是几年前的事情,它的完善和发展需要一个过程。网站策划会成为未来几十年最有创意和前景的职业之一,因为互联网本身就是一个不断更新、不断发展、与传统行业不断融合的行业,也是格局不断变化的行业。

这一点不管在美国还是在中国,都是如此。美国的雅虎曾经是美国最大的互联网公司之一,而后来的谷歌在短短的几年就超越了它。MySpace 是美国最大的交友网站,但是现在 Facebook 的发展势头非常迅猛。中国第一代互联网以新浪、搜狐、网易等门户网站为代表,而现在中国互联网格局里,腾讯、百度和阿里巴巴成为新势力的代表,也是第一阵营的代表。在互联网行业,这样的故事还在继续进行着。它欢迎喜欢挑战和创新的人加入进来,而网站策划人员正是这样一些有创意的人。

对准备进入互联网行业,或者对网站策划感兴趣的人来说,网站策划是一项激动人心的工作。每天都有新的东西在里面,这里适合喜欢挑战的人,这里能够施展你的才华,释放你的能量。

下面介绍网站策划需要做哪些工作,需要什么样的素质,这样能让想进入这个行业的人了解这是不是自己喜欢的职业,可以帮助你做出判断。

由于网站策划的历史非常短,现在的网站策划人员大多数都是"半路出家"的,

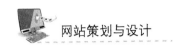

有的曾经做过网页设计，有的曾经做过编程，有的曾经是市场策划人员，有的是企划人员，有的是大学毕业生，各种背景的人员都有。

互联网发展初期，似乎人人都可以做网站策划，但是当网站变得越来越多，网站规模越来越大，网站越来越细分，网站之间的竞争越来越激烈时，网站策划就变成一项非常复杂的工作。它不再只靠灵感来解决问题，而是需要由专门的人经过系统的工作流程去完成。这时网站策划人员在网站发展中的作用就显得尤其重要，网站需要一盏灯，去照亮黑暗的路。

随着网站策划规模化，网站策划人员将进一步被细分，比如产品制作人、用户体验研究员、信息建构师、互动设计师、用户界面设计师等，这些都与网站策划相关。这主要是从产品端来考虑的，还有运营策划、推广策划等分工和职业。其中必须有一个主要策划人，能够在大方向上做出明确的判断，才能保证整个项目的进展和取得成功。

第1节 网站策划人员需要做哪些工作

网站策划人员需要做很多细致的工作。简单来说，包括以下内容。

首先，要进行网站建设的前期准备，比如建立什么样的网站、用户群有哪些、目前是否有其他网站提供类似的服务等，要做市场及竞争环境的分析。

其次，在做完基本的分析之后，要制订一个可实施的计划，在网站内容、网站设计、网站编程等方面制订实施文档。在编写文档的过程中，要充分考虑用户的体验、易用性等方面的情况，要把握网站的重点，同时，还需要与相关部门沟通，进行头脑风暴，吸取更多的灵感。

最后，与设计部门和技术部门沟通，探讨文档的可实施性。在此基础上，制订一个实施时间表，时间表涉及部门人员的分工合作等问题。这个可以采用项目管理的方式进行。如果是做一个具体的产品，从流程来说，大多是相似的。下面就对以上三个步骤进行详细说明。

第 3 章　如何成为合格的网站策划人

这里说的网站策划,从广义上来说,或者从网站建站初期来看,不仅需要策划其中一个产品,还需要用广阔的眼光来看待整个网站。如果仅仅是开发一个产品,则操作的流程都是相似的。

如果决定建设网站,则很有必要进行整体的策划。首先要考虑网站的可行性并进行系统的调研策划,再进行网站的具体策划,然后实施项目的策划,最后进行网站上线后的推广和运营的策划。

仔细来说,一般都会经历这样的一个过程。先有一个关于建立网站的大概想法。比如,看到携程网成功了,很多人都会想,这个商业模式我也曾想过。但是想法是无穷的,比如建立在线剪报服务的网站,帮助用户保存喜欢的网页内容;建立在线唱歌的网站;建立可以在线发泄情绪的网站;通过音乐 DNA 发现自己喜欢的音乐的网站。

这样有创意的想法在互联网上非常多,很多人都有很多想法,但是要把想法变成现实,重要的是现实是否与构想相符合、用户会不会愿意使用你的服务、竞争对手会不会让你很舒服等,这些都是需要考虑和面对的问题。在现实的商业世界,创意并不能保证成功。

在通向成功的途中,仅有想法是不够的。首要的是把想法变为可实施的方案。

所以,网站策划的第一步,就是把想法转变为可实施的方案。那么如何把想法变为可实施的方案呢?

一、进行市场调查

市场调查需要调查什么呢?就是卖方与买方的交易。调查市场首先看这个市场容量有多大,是不是有长远的发展,是不是有潜力。市场容量是用户愿意购买产品的总和。其主要变量是购买的人群和产品的价格。这个问题需要考虑宏观的因素,比如该部分人群的增长,以及该人群是否有足够的支付能力。还要以发展的眼光看待,这个市场是不是会迅速发展。从判断市场的规模和发展潜力来说,研究客户的需求最关键,它直接决定是否有人愿意购买该产品或者服务,也直接决定市场是否有发展的潜力。

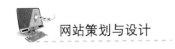

什么时候进入市场也是一个重要的问题。如果这个市场的潜力不大，虽然想法很好，但是可能不值得进入，或者进入的时机还未成熟。比如在支付体系、配送体系等关键的体系尚未建立之前，过早进入 C2C 市场就不合适。

此外，还要对竞争对手进行研究，看看是否有竞争对手。如果有，竞争对手有哪些？他们在做什么？与他们竞争有没有胜算？如果有胜算，成本高不高？

二、评估自己各方面的条件

在做完市场调查之后，对该项目所处的环境基本有了了解。这时它也可以作为一面镜子，看看自己的资源是否值得投入。可以从技术实力、资金、商业模式等方面进行考虑。当然，没有百分之百的事情，这时可以做一个估计。

对以上两步进行整理，写出一个相对粗线条的策划书，这个策划书基本可以说明产品的市场规模、市场潜力、竞争环境、自身的条件等因素，相当于一个产品进入具体策划阶段的可行性报告。如果这个报告显示值得进入产品的策划和开发阶段，那么就进入第三步。

三、进入网站策划的具体阶段

对于大多数网站策划人员来说，这就是自己的具体工作了。网站策划人员在这个时期把想法变为可实施的方案，能够让网站的设计师和开发工程师明白方案所表达的意思，并能够进入实施的阶段。这就需要写实施文档了。

实施文档涉及如下问题：

1. 确定网站的定位

网站的定位也就是建立网站的目的是什么，要为用户提供什么样的网站。比如音乐网站，是为用户提供 K 歌体验的网站，还是建立用户试听下载的网站？还是通过音乐的 DNA 把一些新的好歌推荐给用户的网站？还是以音乐评论交流为主的网站？还是一个提供最新音乐资讯的网站？还是一个综合了听歌、唱歌、下载、评论、资讯等各种音乐元素的音乐网站？

第3章 如何成为合格的网站策划人

只有定位明确，网站的架构和产品的实现才有坚实的基础。所有成熟的网站都是通过不断完善发展起来的。在网站建立的初期，有一个明确的定位，成功的概率会大很多。没有方向感是难以走远的，即使是错误的方向，也比没有方向强。没有网站是一朝一夕之间就做到完美的，都是在不断运营中日臻完善的。所以，不要一开始就期待获得完美，事情总是有其发展规律的。当然，在将来的网站运营中，可根据市场的情况进行战略方向的调整。

总之，这个时候的关键就是给网站一个明确的"标签"。当然，这个"标签"不是凭空而来的，是经过前面的市场情况分析得到的。

还有一种情况需要网站策划者特别重视，如果网站策划人员本身在网站定位和目标上没有决定权，这时听取公司的管理层或者客户的要求就变得很关键。与网站定位的决策者们做充分的沟通，花再多的时间都不为过。这是因为，如果沟通不到位，网站建立后发现不是决策层想要的，要推倒重来是一件很麻烦、很没有效率、很浪费资源的事。

2. 对该行业领先网站进行标杆分析

设立了所要做的网站的目标之后，就是对领先的网站进行标杆分析。比如做电子商务网站，可以分析阿里巴巴、淘宝网、中国化工网。这些网站有什么成功的经验，网站在赢利模式、易用性、产品架构、网页设计、导航、客户的沟通等方面有哪些过人之处等。除了分析其优点之外，也要分析其缺点，取其精华，去其糟粕。这里不是要模仿它们，而是因为站在巨人的肩膀上，总是能看得更远。时间宝贵，能少走弯路就少走为妙。在学习这些标杆网站的过程中，往往会产生更多新的创意，可以说，这也是一个创新的途径。

在学习领先网站时，需要注意的是不要简单照搬，要把其中的真实要点创造性地运用到自己的网站中。伯兰特·罗素（Bertrand Russell）说过："大部分人宁愿死也不愿意思考。许多人确实如此。"巴菲特也曾经说过，买冷门股的方法如同随大流的策略一样可笑。很多网站看到成功网站的功能点，然后就照搬过来，最后却发现，即使功能完全一样，自己的网站还是没有火起来。比如，在Web 2.0网站兴起时，很多网站照搬MySpace的功能，但是很

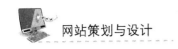

少有做得好的。可是51社区却没有简单照搬MySpace网站的功能,而是在用户需求上下了很多功夫。

3. 策划网站的架构和内容

经过对比分析后,要决定网站架构、内容、功能、基本规则等。比如,网站的目标用户群是什么阶层,是在校大学生,还是IT界的专业人士;网站采用何种商业模式;会员免费还是收费;假如是音乐网站,是提供音乐下载,还是只提供音乐翻唱;如何进行产品的分类;网站资讯是用户上传还是网站编辑主导等,将有一系列的问题需要讨论和决策。

以上问题都解决之后,把这些想法制作成可实施的文档。不同的公司形成自己的一套文档沟通方式。但基本上都要制作如下两个文档:网站的结构图或者整体架构图,这样可以从整体上把握网站;页面设计图、流程及功能规则说明文档。整体架构图就像是一个地图,使参与网站开发项目的人不会迷失于细节,也有利于建立技术的架构。页面设计图一般做成可视化的图形文档,供设计师进行设计。流程文档和详细的规则说明是技术开发人员开发的依据。

其中网站策划者需要对每个页面都进行具体细致的策划。这是很见功夫的,也是一个策划人员是否优秀的重要判断标准。在策划每个具体页面的过程中,策划人员时刻放在心里的不是产品功能有多强大、页面布局有多合理,而是用户是不是方便,是不是喜欢。

网站策划文档制作完毕之后,需要进行网站的设计和开发建设。这时需要策划人员、设计师、开发工程师、测试工程师及项目管理的团队合作。作为策划人员,随时要与设计师、开发工程师沟通,确保策划内容能够实现。

网站通过了测试工程师的测试之后,就可以上线了。这时运营也成为网站的重点。运营也同样需要策划,运营经理在很多时候担当起了运营策划的职责。其中首先要保证网站服务的正常运行,比如速度问题、稳定问题。运营策划的核心是内容本身,内容直接影响网站的氛围和战略。网站有相应用户群,这就需要网站运营人员与用户沟通,保持畅通的沟通渠道,听取用户

第3章 如何成为合格的网站策划人

的声音,增加网站的生命力。网站的市场策划负责推广网站,让网站的品牌能够成长起来。市场策划需要保持与网站的目的及定位的一致性,否则,对网站达成目标有损害。

网站产品也是有生命周期的,从诞生、成长到消亡是一个过程。网站不能是静止的,需要不断更新,并且要迅速。策划人员应该担负起这个重要的职责。

当然,在没有网站项目经理时,网站策划者在网站项目实施的同时,往往要担负起项目经理的职责,对项目预算、建设日程、人员、质量等方面进行管理。这是一个重要的任务之一。

有些大的互联网公司,策划工作往往由一个团队合作来完成,分工也更细。网站策划相关人员分为产品制作人、用户体验分析员、信息建构师、互动设计师、用户界面设计师。产品制作人主要负责写产品计划书;用户体验分析员做用户体验的调查分析,并在产品上线后跟进用户体验的研究;信息建构师负责设计产品的整体架构;互动设计师的工作是进行网站互动流程方面的设计;用户界面设计师负责用户界面的视觉设计,让界面看上去更友好。从流程上来说,由产品制作人提出产品开发的计划书;计划书提出新产品或者新功能的价值,包括用户价值、市场价值;然后将计划书提交到部门审批,审批通过之后,与信息建构师、用户体验分析员、视觉设计师、用户界面设计师、互动设计师、网站开发人员、工程师共同讨论如何实现产品的实施,并制订时间表分工合作。

用户研究员进行用户调查,并进行分析,信息建构师在此基础上设计产品的整体架构,互动设计师根据产品的整体架构设计出互动的流程,然后由视觉设计师和用户界面设计师进行界面的设计。最后由网站开发人员编写程序,交由测试部门进行技术测试,用户研究员则跟进用户体验的测试。

工种的细分有利于人员专注工作,专注能够产生高质量的产品,但是对于创业公司来说,没有必要过分细分,否则会影响对整体的把握。到什么阶段做什么样的事情。

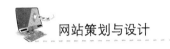
网站策划与设计

第2节 网站策划人员需要什么样的素质

上一节对网站策划人员需要做什么工作做了比较详细的说明。那么成为一个网站策划人员到底需要什么素质呢?从基础能力来看,如下6种能力是必需的。

(1)强大的逻辑分析能力

逻辑分析能力对事情的分类、归纳等方面至关重要,对于分析网站的市场和竞争环境,把想法变成可实施的文档,都是不可或缺的能力。

(2)洞察力

洞察力对于挖掘用户的需求、把握用户心理、创造网站新产品都是必需的。

(3)准确表达事物的能力

策划需要把想法表达出来,让合作伙伴、上司明白你的想法,还要把想法变成策划方案,这些都需要准确表达事物的能力。

(4)沟通能力

沟通能力是网站策划必需的技能,网站策划人员也是一位沟通者。他需要担负起向设计人员、开发人员、测试人员传达网站策划的本意,这需要沟通的技巧。互联网网站的成功始终需要依靠团队的力量。只有策划人员、设计师、编程工程师、测试工程师等人员友好合作,才能建立一个好的网站。

(5)快速学习新事物的能力

互联网的变化是非常快速的,整个市场也是如此,随着技术能力的提升,能够为用户提供越来越好的产品,用户的需求也在变化。互联网将会不断诞生新的想法、新的概念、新的技术,快速学习新事物才能跟得上互联网的脚步。

(6)换位思考的能力

具备换位思考的能力非常重要。很多策划人员策划出非常棒的产品,功能完备,但是这可能不是用户需要的。因为策划人员从自己的角度考虑问题,自己认为完美的产品,用户不一定接受。所以,策划产品时,需要

第 3 章 如何成为合格的网站策划人

换位考虑问题，时时刻刻从用户的角度来做决断。这点说起来容易，但是实现起来很难，需要在实践中不断磨炼才能练就。

以上 6 种能力是基础的能力，具备这些能力才能成为一个合格的网站策划人员。网站策划人员需在如下几个方面增强自己的实力。

（1）培养对互联网的产业理解能力和对市场的感觉

为了培养理解互联网行业的能力，可以经常阅读互联网的相关行业新闻，以培养对互联网发展趋势的感觉。除了培养对互联网发展趋势的感觉外，还要培养商业的感觉。对于大多数网站来说，其不是要做公益事业，而是要赢利。经常浏览受用户欢迎的网站，看看有哪些新技术，有哪些新应用，也许能发现新的有商业潜力的产品，找到与现有市场产品能够形成差别化的新产品。灵感从来都不是只有天才才有的，通过积累是能够诞生的。

（2）增强网站建设可行性评估能力

网站成功的可能性概率有多高？网站定位的市场优势有多大？投入实施需要花费多少资源？什么时候能够收回成本？对于未来的事情，从来都没有确定的答案，评估可提高成功的概率。

（3）培养研究用户需求的能力

顾客是企业的衣食父母，满足了顾客需求就能赢得市场。但是，顾客的需求是什么？如何满足他们？这些问题看似简单，但是需要和用户进行长期接触、了解、感知，才能深刻了解他们的真实需求。这不是一个简单的功课，需要用心去体会其中需求。这时一定要从策划人员的需求中跳出来，把自己当成一个普通的用户，同时也要学会观察其他用户的需求，因为用户的需求也是有差别的。

（4）发展分析标杆网站的能力

标杆网站能够脱颖而出是有它的道理的，可以客观分析其优点，然后化为己有。通过学习标杆网站可以掌握很多优秀的策划方式，包括页面、产品处理的流程、易用性、市场推广方式、运营策略等。

（5）增进项目团队的沟通能力

网站的成功离不开策划、开发和运营人员的共同努力。而策划需要与技

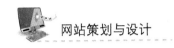

术部门沟通，还需要说服技术部门、运营部门接受策划的方案，这样项目实施起来比较容易，也较容易贯彻策划的意图。沟通能力需要在工作过程中慢慢培养。在项目进行过程中，经常会有不同的意见，如何表达自己的观点，用事实和数据去说服其他同事接受自己的观点，需要在不断实践中去磨炼和成长。

（6）需要了解一些基础的技术

虽然策划人员不用直接去编程，但需要对基本的技术知识有所了解。有不少人认为网站策划不需要对技术有什么了解，只需要对市场有了解，对用户需求有感知就可以了。固然，网站策划更重要的是对网站目标用户群，以及这个行业市场环境有充分认识——这是网站策划需要的最基本素质，如果没有这两个能力，将不能胜任网站策划。但是如果只有想法，对技术一点都不了解，不能进行技术沟通，那么自己的想法也往往得不到好的实现。

同时，也不能走另外一个极端，即过于重视技术。想要什么技术都精通，是不可能的，分工合作是提高效率的关键，做且只做自己最专业的事情才能取得成功。

对于网站策划来说，一点不了解技术是不行的，最好理解基本的技术原理及技术背后的逻辑关系。理解网站的技术对于与技术部门沟通具有很好的作用。

要了解的技术内容主要包括网页设计与制作、网站的程序开发、网站的数据库、服务器及互联网的基础知识。具体来说，网页的设计与制作，需要了解 HTML 的基本概念，包括编程和制作工具；同时，对互联网的 W3C 的网站标准也要有一定的了解，例如对网页的结构、表现和行为方面的了解，可动手进行网站的制作，具体感受一下网页的设计与制作的过程。网站的程序开发方面主要是要理解编程的目的。比如，编程的目的就是让计算机能够理解人要表达的意图，并执行它。因为计算机不懂人的语言，所以人跟计算机说话，它是无法理解和执行的，只能按照计算机能够理解的方式来跟它沟通，所以需要对现实问题进行逻辑分析，建立合理的数学模型，然后以程序和数据的形式输入计算机，让计算机理解人要表达的意图。目前策划人员需

第 3 章 如何成为合格的网站策划人

要了解的网站编程语言主要有 ASP、PHP 及 JSP 语言等。对数据库、服务器也需要有一定的了解，比如主要的数据库 MySQL、Oracle 等。服务器方面则有数据库服务器、邮件服务器、FTP 服务器等。此外，对网站运行基础也需要进行了解，比如网站是如何接入互联网的。最后，可与网站的设计与制作人员、网站的程序开发人员等一起实施一遍网站建设的过程，从实践中学习网站技术实现的基本原理。

实践是最好的学习方式。创新不是来自聪明的大脑，而是从不断的运营实践中产生的。所以，网站策划人员必须是一个善于学习、对新事物敏感的人，同时也是善于不断思考、总结的人，是能够深度挖掘用户需求的人。

此外，如果还希望成为策划的项目经理，那么可以有意识地培养项目管理的能力。项目管理包括对人员分工、预算、文件、质量、客户、日程等方面的管理。

网站策划的灵感往往来自第一线的策划人员，比如韩国赛我网非常成功的 minihomy 中的小屋产品，就是第一线人员灵感的结果。所以，网站要成功脱离困境，就必须不断地在实践运营中提升产品的品质。如果产品不能受到用户的欢迎，必须随时反思，检查是哪个环节出了问题。

第 4 章

网站策划的具体流程

网站策划是网站建设中的关键一环。网站整体策划的好坏直接影响网站的运营效果。它是网站建设必须要做的工作,要求建站公司全面考虑、全程参与。网站策划要求与客户互动,共同为网站制订目标,并进行有效的沟通,将这个目标贯穿于每个人员的思想和劳动中。

第1节 网站的需求分析及其定位

一个网站项目的确立是建立在各种各样的需求之上的,这些需求往往来自客户的实际需求或者是公司自身发展的需要。项目负责人对用户需求的理解程度,在很大程度上决定了此类网站开发项目的成败。因此,项目负责人必须更好地了解、分析和明确用户的需求,准确、清晰地以文档的形式表达给参与项目开发的每个成员,保证开发过程以满足用户需求为目的进行。

一、网站需求分析过程

需求分析活动本质上就是一个与客户交流、正确引导客户将自己的实际需求用较为恰当的语言进行表达的过程。整个需求分析过程需要开发人员与用户一起参与完成。如果用户明确网站的功能需求,那么需要做到以下几点:

① 开发人员与用户一起讨论,进行需求分析。
② 美工、技术开发人员与用户一起讨论,初步确定网站功能。

第 4 章　网站策划的具体流程

③ 开发人员与用户对网站功能反复进行讨论和修改，确定网站功能，并书写成文。

④ 如果项目较大，最好能有部门经理或更高一级的领导参与到网站功能的确定过程。

在需求分析的过程中，往往有很多用户不明确网站的需求，这时项目开发人员需要进行用户调查，以帮助用户确定网站需求。

调查可以采用需求调查表的形式进行，如图 4.1 所示。调查的主要内容如下：

① 网站的作用，以及现在或未来可能出现的功能需求。

② 用户对网站的性能需求（如访问速度）。

③ 网站维护的需求和实际运行环境。

④ 网站页面整体风格、美工效果及各种页面特效。

⑤ 页面数量，是否需要多种语言编写。

⑥ 内容编辑及后台录入任务的分配。

⑦ 完成时间进度。

根据用户调查情况，总结用户需求，确定网站功能。

1. 你对物流客服服务上课热情度是怎样的?
○ 超级感兴趣
○ 一般
○ 没兴趣

2. 物流客服服务上课效率怎样?
○ 一听就懂，效率非常高
○ 晕乎中，半懂半不懂
○ 完全一头雾水，听不懂

3. 你对课堂老师讲解满意程度?
○ 非常满意，ppt与书本结合，浅显易懂，而且有很多实例讲解.
○ 一般，实例偶尔会有
○ 不满意。老师总是照着ppt或者书读，实例很少

4. 你觉得物流客服服务这门专业课对你专业影响大不大?
○ 非常大，与我们物流专业是密不可分的。
○ 一般，影响时有时无，学好片面理论知识就好
○ 没影响。因为我们专业中专业知识很多，不差这一门学科

5. 对这门专业课是否有一个全面的知识框架?

图 4.1　需求调查表

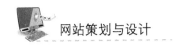

二、网站市场定位

根据做好的需求分析,可以结合市场需要,确定网站的市场定位。

网站的价值在于信息。显而易见,只有抓住人们对信息需求的关键,才能找到网站根本的定位。网站是为人服务的,是为人提供各种信息的,如果没有人们需要的信息或者产品,那么网站就没有存在的意义了。

网站的定位指网站服务的对象。不同的网站为不同类别的人服务,图 4.2 所示的应届生求职网是服务于广大应届毕业生的,图 4.3 所示的网易邮箱是服务于普通大众的。

汇集有用信息,满足各种信息需求,是网站市场定位重要的出发点。

图 4.2　应届生求职网

第 4 章 网站策划的具体流程

图 4.3 网易邮箱

第 2 节 网站策划的必要性及其原则

网站策划是指在网站建设前对市场进行分析，确定网站的目的和功能，并根据需要对网站建设中的技术、内容、费用、测试和维护等做出策划。网站策划对网站建设起到计划和指导的作用，对网站的内容和维护起到定位的作用。

一、网站策划的必要性

一个网站的成功与否与建站前的网站策划有着极为紧密的关系。在建设网站前，应明确建设网站的目的，确定网站的功能、规模和投入费用，进行必要的市场分析。只有事先详细地策划，才能避免在网站建设中出现大量问题，使网站建设顺利进行。

事实证明，一个在制作前经过完美策划的网站，其点击率和网络安全性能要优于一般网站。

一般来说，网站策划阶段需要先完成策划初期的 UI 设计图，然后根据 UI 设计图与客户进行进一步的讨论与修改，最终完成网站效果图的设计。

没有经过策划的网站常会出现以下状况：

(1) 日后返工

日后返工是网站建设最不愿看到的一点。进行网站策划，可以避免由于考虑不周或安排不合理等原因造成返工。

(2) 重复投入

网站建设需要投入大笔经费。策划中，一定要明确网站的主要目标、营销战略等，这样就可以避免出现为了达到同一目标而多次投资的现象。

二、网站策划原则

建设一个网站，失败的原因各不相同，但是成功的原因都是有好的策划理念。如果想要网站的建设取得成功，就需要借鉴其他网站成功的经验。以下 4 条是一个成功网站必不可少的原则。

1. 避免让用户思考

网页上每项内容都有可能迫使用户停下来进行思考。

例如，某公司正在招聘，某用户正好符合他们的要求，当该用户浏览页面，准备点击相关内容时，发现该公司提供的职位部分所用名称的不同，如图 4.4 所示。

图 4.4　某公司提供的职位名称

面对前者（Jobs），用户可以清楚地知道这是要去点击的按钮，但对于后者（Employment Opportunities），用户会在进行必要的思考后再点击。

2. 不要让用户的等待超过 30 秒

大家应该知道互联网用户的一条法则：当用户等待超过 10 秒时，基本会对这个网站失去第一好感；如果超过 24 秒，用户会关闭网页。所以，即使网站策划很出色，也不应该让网站的打开时间超过 30 秒。如果超过了这个时间，网站就一定会失去用户。

3. 设计明确的导航

应该认识到，如果在网站上找不到方向，人们不会使用你的网站。

如果用户登录一个网站后，却看不明白这个网站是怎么组织的，就不太可能在那里停留很长时间。所以，作为网站策划者，一定要设计明确的导航。

腾讯的网页设计一直是国内众多门户模仿的对象，其首页栏目导航如图 4.5 所示，所有的项目都在最上面，一目了然。

京东的导航样式如图 4.6 所示，同样照顾到了用户使用的方便性。

网站导航设计需要注意的问题及设计原则如下：

（1）导航条的位置清晰

主导航条的位置应该在接近顶部，如图 4.5 所示。

图 4.5　腾讯栏目导航

（2）导航的内容明显

导航的目录或主题必须清晰，不要让用户困惑。如果有需要突出的主要网页的区域，应该与一般网页在视觉上有所区别，如图 4.6 所示。

图4.6　京东导航

（3）导航文字描述准确

导航链接上的文字必须能准确描述链接所到达的网页内容，便于用户做出选择。

（4）做好5个"手指"

5个"手指"是指一个人的直观记忆力只针对5个以内的类目，如果超过5个，则会觉得没有安全感。一般人的大脑把5个或更少的项目看作一组，但是当所面对的项目超过5个时，就必须把它们划分成较小的次组来处理。所以，保持选择项归类在5组或5组以内就变得很有意义了。能够让用户快速地找到想选择的项目是很重要的。对一个好的网站来说，清晰的导航也是最基本的标准。应该让访问者知道自己当前所在网站中的位置，并能够通过指引而浏览网站。

4. 平衡各项元素

平衡是网站设计的重要部分。设计网站内容时，要做到以下3个方面的平衡：

（1）文本和图像之间的平衡

除非内容决定了这是个完全文本或者完全图像的网站，否则就需要用直

第4章 网站策划的具体流程

觉和审美观来做判断,平衡文本和图像,避免让其中的一个淹没另外一个。

（2）下载时间和页面内容之间的平衡

当然,即使希望有完美的页面内容、高清的漂亮图片,也必须平衡下载时间,因为很多访问者正在通过调制解调器阅读它,而不只是想看漂亮的图片。

（3）背景和前景之间的平衡

人们能在白纸上画出美丽的图案。同样地,如果能在网页上制作出漂亮的结构和背景是很令人激动的,但这也容易使网页前景的内容淹没在背景里面。

第3节 如何进行网站策划

网站策划应该尽可能涵盖策划中的各个方面,在前期尽可能考虑到后期会出现的问题。

一、建设网站前的市场分析

建设网站前,一定要对市场进行分析,这样才能明确市场需求,有目的、有效地开发网站,避免做无用功。具体包括以下几点:

① 相关行业的市场是怎样的,市场有什么特点,是否能够在互联网上开展公司业务。

② 市场主要竞争者分析,竞争对手上网情况及其网站策划、功能作用。

③ 公司自身条件、公司概况、市场优势分析,公司可以利用网站提升哪些竞争力,建设网站的能力如何。

二、建设网站的目的及功能定位

建设网站前,一定要明确建设网站的目的和功能,根据目的做出准确定位。具体来说,有如下两点:

① 要明确建立网站的目的,如树立企业形象、宣传产品、进行电子商务、

建立行业性网站等。

② 整合公司资源，确定网站功能，即根据公司的需要和计划，确定网站的功能类型。

三、网站技术解决方案

根据网站的功能确定网站技术解决方案，进行以下几点分析：

① 选择服务器的方式，决定是采用自建服务器，还是租用虚拟主机。

② 选择操作系统，决定使用 Windows 2000/NT 还是 UNIX、Linux，并对投入成本、功能、开发、稳定性和安全性等进行分析。

③ 选择网站的开发方式，是采用模板自助建站及建站套餐还是个性化开发。

④ 确定网站安全性措施，如防黑、防病毒等方案。

选择动态程序及相应数据库，如程序 ASP、JSP、PI-IP；数据库 SQL、Access 和 Oracle 等。

四、网站内容及实现方式

网站的作用就是供读者浏览信息，网站的内容是网站的核心，其实现方式又表现出了网站的技术水平和定位。其确定的主要根据如下。

（1）网站的结构导航

一般企业型网站应包括公司简介、企业动态、产品介绍、客户服务、联系方式和在线留言等基本内容，以及常见问题、营销网络、招贤纳士、在线论坛和英文版等其他内容。

（2）网站整合功能

如 Flash 引导页、会员系统、网上购物系统、在线支付、问卷调查系统、信息搜索查询系统和流量统计系统等。

（3）结构导航中的每个频道的子栏目

如公司简介中可以包括总裁致辞、发展历程、企业文化、核心优势、生产基地、科技研发、合作伙伴、主要客户和客户评价等。客户服务可以包括服务热线、服务宗旨和服务项目等。

（4）网站内容的实现方式

如产品中心使用动态程序数据库还是静态页面；营销网络是采用列表方式还是地图展示等。

五、网页设计

网页设计的要点是：设计第一，技术第二。网页设计包括美工、技术、预算和运行等。具体有如下几点：

① 网页美术设计一般要与企业整体形象一致，要符合企业 CI 规范。要注意网页色彩、图片的应用及版面策划，保持网页风格的整体一致性。

② 在新技术的采用上，要考虑主要目标访问群体的分布地域、年龄结构、网络速度和阅读习惯等。

③ 制订网页改版计划，如每隔半年到一年进行一次较大规模的改版。

④ 企业建站费用的初步预算，一般根据企业的规模、建站的目的和上级的批准而定。

六、网站维护

网站维护包含的内容很多，如网页设计、更换页面、后台更新和服务器维护等。具体如下：

① 服务器及相关软硬件的维护，对可能出现的问题进行评估，制定响应时间等。

② 数据库维护，有效地利用数据是网站维护的重要内容，因此数据库的维护要受到重视。

③ 内容的更新、调整等。

④ 制定相关网站维护的规定，将网站维护制度化、规范化。

七、网站测试

发布网站前，要对其进行细致、周密的测试，以保证其能被正常浏览和使用。

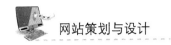

主要测试内容包括：

① 文字、图片是否有错误。

② 程序及数据库测试。

③ 链接是否有错误。

八、网站发布与推广

首先，企业自身要有推广网站的意识，在任何出现公司信息的地方都加上公司的网址，如名片、办公用品、宣传材料、媒体广告等。网络广告和搜索引擎登记是目前网站主要的推广方式。其次，通过与一些网站做友情链接等方法，也可以显著地提高企业网站的知名度和访问量。

以上是网站策划的主要内容，根据不同的需求和建站目的，内容也会增加或减少。在建设网站之初一定要进行细致的策划，才能达到预期的建站目的。

第4节　网站策划书实例

一个网站的成功与否和建站前的网站策划有着极为密切的关系。在建立网站前，应明确建设网站的目的，确定网站的功能、网站规模及投入费用，进行必要的市场分析等。只有制订了详细的网站策划书，才能避免在网站建设中出现的很多问题，从而使网站建设顺利进行。下面是××大学继续教育学院网站的改版策划书。

一、项目目标

1. 网站功能目标及期望

① 充分利用网络快捷、跨地域优势进行信息传递，对××大学继续教育学院进行宣传。

② 建设"××大学继续教育学院"网站，为学院教师、学生、员工提供

信息服务的平台。

③ 建设"健康服务"系列专题，推广"健康管理"概念，为社会服务，为人民造福。

④ 庆祝网站开设三周年，推出网站新版本。

2. 网站技术目标及期望

① 系统栏目易于增加、修改、删除和维护。

② 确保资源安全，能够有效地防止资源流失。

③ 确保相关数据在网上的应用速度。

④ 系统具有充分灵活的扩展能力，以满足不断发展的需要。

3. 网站美工目标及期望

① 整体设计风格简洁、大气、充满现代感。

② 色彩饱满、线条流畅，并留有充分的空间。

③ 对页面进行优化，保证快速下载。

④ 页面采用开放式结构设计，具有较大的可扩展性。

二、网站设计原则

（1）经济性原则

网站整合功能完善的管理平台，能使管理员很方便地对网站中的动态内容进行更新。

（2）便利性原则

网站导航及功能设计以方便使用为原则。

（3）扩展性原则

网站具有高度的扩展性，能够为日后的功能扩展预留接口。

三、网站结构

由于时间紧迫，保留原有网站框架，即在原有基础上更新版本。改版只侧重美工优化和技术合理化处理。

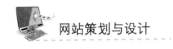

四、网站建设进度及实施过程

1. 公司方项目合作成员

项目经理（1人）：负责项目管理、组织、协调，对项目资源进行控制，使项目能够按照计划实施，满足项目规定的业务需求。项目经理对项目的质量、进度和成本负责。项目经理负责客户关系的管理，也是客户方项目经理的主要对口协调人，并负责整个项目中的数据库结构及功能程序的设计。

美术工程师（1人）：从事项目整体上的创意、规划、视觉设计和交互表现形式的方向把握及设计方案的提交，对项目规划设计的质量实施控制、指导与监督。

高级程序员（1人）：负责服务系统的程序及多媒体的开发。

HTML制作及测试工程师（2人）：负责网页的模板制作及HTML搭建、网站的测试及运行。

后台管理员（1人）：负责网站初期内容的上传。

2. 校方项目合作成员

项目经理（1人）：负责项目管理、组织、协调工作，签收各种项目文档，自始至终负责整个项目的进行。

相关材料提供者：定期提供网站相关内容，如图像、文字、声音文件等，还要提供学校Logo及校体资料。

3. 实施过程

开发/实施周期为21天。网站系统开发进度的总体安排如下：

① 网站功能模块设计及确定，2天。

② 网站美工设计及确定，6天。

③ 网站系统详细设计阶段，10天。

④ 网站测试，2天。

⑤ 网站验收，1天。

⑥ 网站正式运行。

五、网站信息发布

网站中任何内容的发布都需有一个确认过程，即后台上传后，需要通过管理员进一步确认方可显示，管理员也随时可以定义信息的状态，即显示或隐藏。

六、技术维护

系统建设完毕并运行后，设计方应保障系统安全、可靠地运行，及时修复出现的故障，按照客户要求对计算机系统进行升级，保证用户所使用技术的领先性和系统安全性。可能采取的服务方式如下：

1. 用户培训

用户培训包括对用户适应系统需要进行的操作使用培训、网页修改培训、数据库管理培训、电子商务常识培训，同时，还包括用户对于使用系统而导致的业务流程和管理模式变更的培训。

2. 电话支持

设立专门的电话服务支持机构，专门提供客户在操作使用方面的咨询服务。

3. 网上服务

用户在使用时出现问题之后，为用户提供网上的服务支持。

在系统开发完毕后，考虑到用户可能会有自己独立维护的需要，设计者应提供系统设计说明书，保证客户的权益。

每次维护都要按照规范的业务流程填写维护申请，经双方项目经理协商认可后再进行修改。每次修改均提供完整的修改说明。

第5节　网站设计及制作的基本流程

一个网站从无到有，大致要经历这样一个基本流程：确定网站主题、网

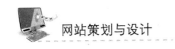

站整体规划、收集资料与素材、设计网页图像、制作网页、开发动态网站模块、测试与发布网站、后期更新与维护网站、宣传与推广网站等。

一、确定网站主题

建设网站，首先要解决的就是网站的内容，即确定网站的主题。对于网站主题的选择，要做到小而精：主题定位要小，内容要精。不要试图制作一个包罗万象的站点，这往往会失去网站的特色，也会带来高强度的工作量，给网站的及时更新带来困难。

美国《个人电脑杂志》（PC Magazine）评出了世界上排名前 100 位的知名网站的 10 类题材：

① 网上求职：如智联招聘网、应届生求职网等。

② 网上聊天、即时信息：如人人网、QQ 网页等。

③ 网上社区、讨论、邮件列表：如天涯、网易等。

④ 计算机技术：如某些介绍 Java 开发的网站。

⑤ 网页、网站开发：如网页设计之家等。

⑥ 娱乐：如 The Onion、Pandora 等。

⑦ 旅行：如旅行门户网站等。

⑧ 参考、资讯：如 IT 资讯网等。

⑨ 家庭、教育：如各国教育部网站等。

⑩ 生活、时尚：如 Fashion Showroom、时尚资讯等。

网站的主题就是网站要表达的主要内容。例如华军软件园，该网站的主题就是软件下载。

能够体现出网站的主题和特色的是网站的名称。网站的名称字数要少，最好控制在 6 个字以内。文字要简单明了，不要用一些偏僻、生疏的字。对于中文网站来说，没有必要起一个英文名称。软件说明书、网易下载站、壁纸好莱坞、中国兼职网、黄金书屋、时尚魅力、健康无忧和商家乐园等，都是不错的网站名称。

二、网站整体规划

网站规划是指在网站创建前必须明确创建网站的主题、目的和内容，也就是网站提供哪些服务和内容、网站的设计方案、网站的测试和发布方案、后期网站的维护和推广方案、投入费用及必要的市场分析等。

在本书的前章节中，已经具体介绍了网站的主题、目的、内容及其具体策划，本节主要介绍网站的整体布局规划。

设计者必须知道大多数访问者的浏览习惯，才能在此基础上进行设计。

1. 页面尺寸

由于页面尺寸与显示器大小及分辨率有关，网页的局限性就在于无法突破显示器的范围，并且浏览器也占了不少空间，所以留给的页面范围较小。

一般来说，在 800×600 px 分辨率下，网页宽度保持在 778 px 以内，就不会出现水平滚动条，高度则视版面和内容而定。

在 1 024×768 px 分辨率下，网页宽度保持在 1 002 px 以内，如果满框显示，高度在 612～615 px，就不会出现水平滚动条和垂直滚动条。

2. Banner

网站的名字多数显示在这个位置，这样访问者就能很快知道这个站点是什么内容。Banner 是整个页面规划的关键，它涉及其他更多的设计和整个页面的风格定位。

一般来说，全尺寸 Banner 为 468×60 px，半尺寸 Banner 为 234×60 px，小 Banner 为 88×31 px。每个非首页静态页面含图片字节不超过 60 KB，全尺寸 Banner 不超过 14 KB。

3. 主要内容部分的布局

一般网站的内容部分分为左、右两栏，有的分为左、中、右三栏，有的则为不规则分栏。现在网站一般采用前两种分栏布局方式。

4. 页脚

页脚和 Banner 相呼应。Banner 是放置站点主题的地方，而页脚是放置制作者或者公司信息的地方。许多制作信息都是放置在页脚的。

三、收集资料与素材

作为网页设计者，尤其是美工，手中一定要积累大量的素材，并将其系统地分类。在网页的实际制作过程中，素材资料分为两种。

1. 特定素材（由客户提供）

网站的核心内容是需要准确宣传的信息、资料等。

企业类网站：主要包括企业 VI、企业内部资料（包括文字、图片）等。概括地讲，主要是企业的核心内容，具体要宣传的内容。

教育类网站：主要包括校徽、学校内部设置分类、学校相应部门信息、学校相应照片资料等。

2. 一般素材（设计者提供）

起装饰作用的图片、文字、多媒体等，由设计者自行收集设计。

四、设计网页图片

网页下载速度很重要，如果图片设计不当，就会成为减小下载速度的首要因素。图片会占据网站很多空间。

每一位网站设计者都希望多用图片，图片可以让网站更加具有吸引力。比如，在线销售产品的网站需要为用户提供具有视觉吸引力的内容，而不只是简单的文字说明。虽然没有图片的网站确实可以减少网站下载时间，但内容却没有吸引力。需要提高网站下载速度，但也需要一些图片，除非仅仅是寻找信息。

设计网站时，可以根据图片像素标签中的宽度与高度元素来改变图片的尺寸大小。改变图片空间尺寸是一个大错误，假如不考虑标签中的尺寸元素，图片就会以合适的尺寸呈现出来，所以这些元素可以调整图片大小。这种想法并不正确，长度与宽度元素只是帮助浏览器计算图片所占用的空间，以提高网页下载速度。此外，改变图片标签中的宽度与高度属性，会使图片发生变形。

在设计网页图片时，常会出现以下问题：

① 图像方方正正，基本上看不出是否经过处理的。
② 不注意图片与文字的互补搭配。
③ 图片处理过暗，图片上的文字模糊不清。
④ 图片孤立，与周围内容缺乏统一。
⑤ 用色怪异，图片颜色随意、不和谐。
⑥ 背景与文字缺乏明度对比，复杂的背景图像掩盖了前景文字的内容。
⑦ 为了填补网页上的空白，用图片来填空、凑数。

出现这些问题的原因是设计者并没有意识到网页中的图片的实际作用，往往认为图片的作用只是点缀。其实，网页中图片的真正意义在于深化网站的思想，反映网站的统一形象，加深浏览者对网站形象的记忆，更快地掌握网站的内容。因此，网站图片一定要少而精，不必要的、与企业或网站形象不符的图片一定要删去。

就企业网站而言，往往是首页要突出设计，内容很少，有的只是象征性的图像。很多企业网站的首页使用了大量的图片，有的甚至整页都是由图片切割而成。如果是传统媒体设计或是局域网，则无可挑剔，但如果是广域网，在宽带接入没有普及以前，建议最好简洁一些，图片少些，设计思想多些，目的只有一个，加快网页下载速度，避免让浏览者等待太长时间。

网页中的图片设计要注意以下几点：
① 在突出图片主题的情况下，修改图片尺寸。
② 避免利用图片标签中的内容修改图片。
③ 应该利用图片编辑软件对尺寸进行修改，如 Photoshop 等。
④ 在保证图片质量的同时，尽可能地压缩图片。
⑤ 创建与大图片链接的微型图片。
⑥ 不要将小图片直接拉大来使用，这样会使图片显示质量明显下降，影响浏览效果。

五、制作网页

设计的实现可以分为两个部分：第一部分为站点的规划及草图的绘制，

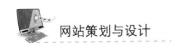

这一部分可以在纸上完成；第二部分为网页的制作，这一过程是在计算机上完成的。

不能简单地说一个软件的好坏，只要是设计者使用起来觉得方便并且能得心应手的软件，就可以称为好软件。笔者常用的软件是 Adobe 的 Dreamweaver、Fireworks、Flash、Photoshop 及 Imageready，这些都是很不错的软件。我们要做的就是通过软件的使用，将设计的蓝图变为现实，最终的集成一般是在 Dreamweaver 中完成的。

有了材料和工具，下面就需要按照规划一步步地把想法变成现实。这是一个复杂而细致的过程，一定要按照先大后小、先简单后复杂的顺序进行制作。所谓先大后小，就是说在制作网页时，先把大的结构设计好，然后再逐步完善小的结构设计。所谓先简单后复杂，就是先设计出简单的内容，然后再设计复杂的内容，以便在出现问题时进行修改。在制作网页时，要多灵活运用模板，这样可以大大提高制作效率。

六、开发动态网站模块

一个成功的网站需要开发出许多动态的网站模块，页面若需要有动态模块的内容，就可以很方便地直接调用，减少了代码的数量和冗余度。

动态网站模块是动态网站的基础，它有以下特征：

① 动态网站可以实现网站与访客之间的交互功能，如用户注册、信息发布、产品展示及订单管理等。

② 动态网页并不是独立存在于服务器的网页文件，而是浏览器发出请求时才反馈的网页。

③ 动态网页中包含有服务器端脚本，所以页面文件名常以.asp、.jsp 和.php 等为后缀。

④ 动态网页由于需要数据库处理，所以访问速度大大减慢。

⑤ 动态网页由于存在特殊代码，所以不易被搜索引擎检索。

在开发动态网站模块时，需要考虑到整个网站的调用方法和调用频率，从这个角度出发，就可以了解到网站使用动态网站可能需要承受的负载量。

七、测试与发布网站

在网站正式发布之前，必须进行必要的测试，所有的测试都要以用户体验为主。网站测试囊括许多领域，包括配置测试、兼容性测试、易用性测试、文档测试及安全性测试，如果网站是面向全球范围的浏览者的，还应包括本地化测试。

不同技术的网站程序需要在不同的环境下做测试，当今主要流行的一些网站程序如 ASP、ASP.NET、PHP 及 JSP 等，都是在不同的环境中才能得到测试结果。所以，测试前需要了解它们的运行环境，这样不仅有利于测试，也为了解以后需要选购什么样的网站空间奠定基础。

在对网站进行完整的测试后，就可以发布了。发布是指将网站内容使用 FTP 上传到网站空间。可以在网络上的一些网站空间提供商处购买网站空间。若制作的网站还需要数据库，但购买的网站空间不自带数据库，就需要另外购买数据库。FTP、数据库的账号和密码信息都会在申请网站空间和 FTP 账号时得到。

在把所有网站数据都上传到网站空间之前，还需要申请网站的域名。通过域名指向网站空间，这样网站即可通过域名进行访问了。域名同样也可以在网络的域名提供商处购买。

提示：现在国内的网站空间都是需要备案的，尽量在发布网站前购买好网站的空间和域名，提前备案，这样不仅可以缩短从网站制作完成到发布的时间，也可以使网站通过正规的途径进行发布。

八、后期更新与维护网站

网站制作好后，更新和维护才是最重要的。更新和维护的目的是使网站能够长期稳定地在互联网上运行，为用户持续不断地提供新的网站内容。一个好的网站需要定期或不定期地更新内容，才能不断地吸引更多的浏览者。只有不断地更新内容，才能保证网站的生命力。

更新和维护的主要工作内容包括：对网站重新进行规划与设计、增加网

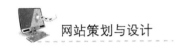

站内容、扩大服务范围及增添服务项目等。

内容更新是网站维护过程中的一个瓶颈，网站的建设者可以考虑从以下几个方面入手，使网站能够长期顺利地运营。

① 网站建设初期，需要对后续的维护工作给予足够的重视，保证网站在建设完成后，后期更新和维护能够简单、方便地进行。

② 有规律地增加网站内容，增加的内容要及时、准确，要进行统筹考虑，确立一套从信息收集、信息审查到信息发布的良性运转的管理制度。

③ 尽量不要对网站做很大的变动，可以进行局部更新，在未更改网站架构的情况下增添内容。这样不仅充实了网站的内容，也对搜索引擎的收录有利。

④ 对于经常变更的信息，尽量用结构化的方式（如建立数据库、规范存放路径）进行管理，以避免出现数据杂乱无章的现象。

九、宣传与推广网站

网站建立之后，宣传和推广也是相当重要的。网站的宣传和推广以网站本身的质量作为后盾。网站的质量可以理解为一个网站提供的内容或服务的重要性和权威性。要培养大量的"回头客"，需要坚持不断地给访客提供需要的资源和服务，并得到访客的肯定，同时，在同类的网站中得到不错的口碑。

从用户体验的角度考虑，要从网站的内容上进行优化，在发掘网站自身潜力的同时，将网站的资源转化为访问的需求，从而为网站带来流量。宣传时，要将站点提供的优质资源展示给访客，让访客记住或者收藏这个站点，所以基础的条件就是网站具备大量的优质资源。

宣传和推广的手法多种多样，下面列出几种最常用的网站宣传和推广方式。

① 导航网站登录：对于流量不大、知名度不高的网站，网站导航带来的流量远远超过搜索引擎及其他方法，网站若可被hao123.com或256.com之类的导航网站收录，将会给网站带来很直接的流量。

② 友情链接：友情链接是指互相在自己的网站上放对方网站的链接。它

会给网站带来稳定、可观的访问量。与知名的网站做友情链接，会给网站带来很高的权重；与同类的网站链接，会给网站带来有针对性的宣传。

③ 搜索引擎登录：搜索引擎通过索引网站的内容，为访客呈现出有针对性的某个页面，网站在为访客提供精彩内容的同时，也会促使访客浏览更多的网站内容。一般情况下，网站在建立后，不用手动向搜索引擎提交网站地址，搜索引擎会在一段时间内自动收录并显示。若急切地需要网站被搜索引擎收录，可手动在各大搜索引擎入口登录网址。

④ 即时通信、论坛、邮件宣传：这是一种直接有效的方式，虽然需要花费一定的精力，但是效果非常好。可以直接在 QQ 群发消息，在论坛写软文，使用群发邮件来推广自己的网站。这种宣传方式需要把握好一定的尺度，否则，盲目宣传推广，不但令人反感，而且对搜索引擎收录网站也会有不利的影响。

⑤ 网络广告投放：这种方式虽然需要一定的经费投入，但是，如果正确、有针对性地投放网络广告，给网站带来的流量也将是很直接的。投放广告之前应先了解网站的服务对象，广告投放一定要有目标性，力求做到低成本、高回报。

一个高质量的站点，在得到浏览者青睐的同时，也将受到搜索引擎的眷顾；相反，网站内容如果大量地复制其他网上的资源和信息，没有原创内容、缺乏新意，搜索引擎也不会给这个网站很高的权重。即使访客对网站有很高的点击率，如果访客看到的是一个没有特色且没有吸引力的网站，也会很快就关闭网站的浏览器。

第 5 章

网站设计的风格和构建方法

网站设计风格的定位是网站建设的第一步,是网站走向成功的起点,其重要性应得到足够的重视。影响网站风格定位的主要因素有公司企业文化、行业特征、产品定位和客户定位等。

建立网站的最终目的是通过网络吸引更多的潜在客户,而其中最重要的问题是如何让浏览者找到网站。一个没有信息特色的网站很容易被淹没在搜索引擎海量的信息中。因此,网站的信息组织是网站建设的核心。

第 1 节 网站的风格设计

随着互联网的普及,中国在网站建设方面也逐步从向欧美、日韩等国家网站风格的学习阶段转向中国特色阶段,通过运用一些具有中国传统特色的元素和构图方式,逐步脱离了欧美、日韩等国家网站的风格,从而形成一种蕴含丰富中国文化特色的网站风格。

网站风格的策划是网站建设初期的重点,网站策划者必须在尊重网站风格的定位、遵循网站风格策划的原则的基础上进行设计操作。

一、网站的风格定位

现在人们越来越依赖网络解决问题。比如,企业在采购之前往往通过网络搜索想要的供应商,或者通过网络了解具体供应商的基本情况。进入企业

第 5 章　网站设计的风格和构建方法

网站之后,首先看到的就是网站的风格,对企业的第一印象就立刻形成了。网站的风格对于一个企业品牌形象的重要性不言而喻。

网站风格主要包括以下几个方面。

① 站点的 CI：如设计网站的 Logo、网站的标准色彩及网页的字体等。

② 版面布局：如网站的信息栏摆放位置、交流栏位置等。

③ 浏览方式：如采用"网站导航""点击这里""搜索框"等方式。

④ 交互性：如网站的交互方式设计、交互次数统计等。

⑤ 网页表现形式：如网页的媒体形式的选择等。

网站的风格定位是企业对外形象的一种展示,对企业尤为重要。它是用户对企业形象最直观的感知,对企业网络品牌影响甚大。网站的风格定位的准确性是网站建设成功的第一步。

网站风格由网站整体形象、主色调、网站内容主次布局和网站色块线条细节组成。

整体形象由网站策划、网站布局、网站美工及技术细节处理综合协调形成。

网站主色调是浏览者的眼睛一瞬间捕捉到的色彩,给浏览者较强的心理暗示。

网站内容应主次分明,让浏览者第一眼捕捉到网站的核心内容,知道网站是干什么的。

网站细节处理决定着网站是否干净清爽,是否有视觉干扰,能否让用户愉快地浏览内容。

应注重网站美工,这是帮助企业打造网络品牌首先要提出的技术指标。

网站内容布局源自与客户的充分沟通,要提炼出企业最需要突出的核心内容。

网站建设最重要的标准就是：精确到每一个像素,细致到每一段代码。

大部分网站策划人员都非常重视网站定位,但却偏偏忘记了网站风格的定位或者对网站风格定位非常草率,通常所做的就是去抄袭(学习)竞争对手,或者国外的成功网站。然后更改颜色,调整频道内容即可。图 5.1 所示为京东网站的风格定位。

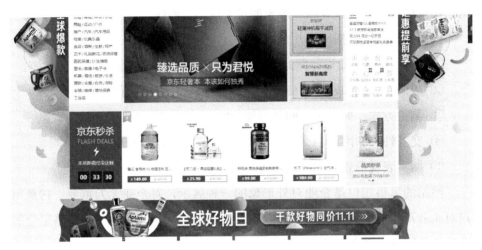

图 5.1　京东网站

二、网站风格设计的原则

用户是网络产品、资源的最重要的使用者。由于电脑和网络的共享性，用户遍及各个领域，而各个领域对网站也有着不同的风格需求。因此，必须要了解各类用户的习惯、技能、知识和经验，以便预测各类不同的用户对网站内容和界面的不同需求和体验感受，为网站最终的开发设计提供依据和参考。

由于各个网站面对的用户情况不一，因此，在网站策划设计中，首先要考虑用户的使用习惯。比如传统行业的人喜欢线条明晰的暖色系，IT 行业喜欢浅色柔和的淡色系等。

其次要考虑网站所有者希望表述的风格，这一般适用于公司网站。如广告公司大多以印象派元素和精美的设计风格为主，如图 5.2 所示；汽车公司大多以绚丽的车型图片作为网站的主要风格，如图 5.3 所示。

最后，对网站风格的定位是要确定一个大致的风格走向，比如休闲类、经济类、娱乐类、医药类和汽车类等类型的网站的风格是不相同的。要营造出各种类型网站的整体气氛，则需要对各行业具有敏锐的观察力和熟悉度，

第 5 章 网站设计的风格和构建方法

图 5.2　国外广告公司网站

图 5.3　汽车公司网站

进而确定使用什么样的色调和风格搭配。这样可以保证对网站有比较明确的概念和设计定位，并对设计师的工作产生积极的引导。

第 2 节　网站信息的组织

网站信息要以关键字为核心。建立网站的最终目的是通过网络吸引更多的潜在客户，而其中最重要的问题就是如何让浏览者找到网站。一个没有信息特色的网站很容易被淹没在搜索引擎海量的信息中。引入以关键字为核心的内容组织策略,是在工作中摸索出来的有效的对搜索引擎排名友好的方法,并已在实践中得到证实。

网络信息的筛选要有一定的原则,要满足目标客户的需求。

在网站策划中,一般情况下,信息的确定由网站拥有方提供。但是,对大量信息的筛选和信息在网站中的表现方式的确定,需要由网站策划者考虑决定。

对于大量的信息,策划者应与客户进行商讨,以关键词为核心,以客户需求为重点,以客户浏览习惯为原则进行筛选确定。

比如休闲娱乐类网站,网站上的主要信息要与时俱进,要在最显眼的位置如网页右上方展现最新的新闻消息,并且罗列相关主题的信息条目,如图5.4所示。

图 5.4　娱乐网站

第 3 节　网站框架的构建

网站结构是指网站中页面之间及页面内部逻辑的层次关系,其对网站的搜索引擎友好性及用户体验有着非常重要的影响。一个清晰的网站结构可以帮助用户快速定位所需信息。如果网站的结构不够合理,出现死链接,或重

第 5 章 网站设计的风格和构建方法

点信息不突出,用户就会在浏览网页时不知所措,产生厌烦心理,这可能会使网站失去潜在的客户。因此,在网站开发之前设计一个良好的框架是非常重要的环节。

一、使用表格构建网页

在目前的几种网页布局技术中,表格布局似乎已经成为一个标准,很多大型网站都是用表格布局的。它可以将各种数据(包括文本、预格式化文本、图像、链接、表单、表单域及其他表格等)排成行和列,从而获得特定的表格效果。表格布局具有如下优势:

① 简单、易学、容易上手。

② 浏览器兼容性好,一套代码用在不同浏览器中基本上不会走形。

③ 能对不同对象进行处理,且不用担心不同对象之间的影响。

④ 表格在定位图片和文本方面比用 CSS 更加方便。

当然,表格布局也存在许多不足,如代码冗余多、用了过多表格等,从而影响网页下载速度,并且维护起来不方便。

对于表格应用的具体性能问题,还需要进一步实践才会有更加深刻的体会。

资生堂网站主页如图 5.5 所示,该页面的源文件如图 5.6 所示。

图 5.5 资生堂网站主页

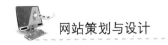

```
//try to set site, based on ip -> country
// keep these and the content asset: "site-selector", both in sync with each other
var ShiseidoSite = {
    "AU" : ["Australia",    "http://www.au.shiseido.com"],
    "BE" : ["Belgium",      "http://www.shiseido.be"],
    "CA" : ["Canada",       "https://www.shiseido.ca"],
    "CH" : ["Switzerland",  "http://www.shiseido.ch"],
    "CN" : ["China",        "http://www.shiseido.com.cn"],
    "DE" : ["Germany",      "http://www.shiseido.de"],
    "ES" : ["Spain",        "http://www.shiseido.es"],
    "FR" : ["France",       "http://www.shiseido.fr"],
    "GB" : ["UK",           "http://www.shiseido.co.uk"],
    "GR" : ["Greece",       "http://www.shiseido.gr"],
    "HK" : ["Hong Kong",    "http://www.hk.shiseido.com"],
    "IE" : ["Ireland",      "http://www.shiseido.ie"],
    "IT" : ["Italy",        "http://www.shiseido-italy.com"],
    "JP" : ["Japan",        "http://www.jp.shiseido.com"],
    "KR" : ["South Korea",  "http://www.shiseido.co.kr"],
    "MY" : ["Malaysia",     "http://www.shiseido.com.my"],
    "NL" : ["Netherlands",  "http://www.shiseido.nl"],
    "NO" : ["Norway",       "http://www.shiseido.no"],
    "NZ" : ["New Zealand",  "http://www.nz.shiseido.com"],
    "PL" : ["Poland",       "http://www.shiseido.pl"],
    "PT" : ["Portugal",     "http://www.shiseido.pt"],
    "RU" : ["Russia",       "http://www.ru.shiseido.com"],
    "SG" : ["Singapore",    "http://www.shiseido.com.sg"],
    "SW" : ["Sweden",       "http://www.shiseido-sweden.com"],
    "TH" : ["Thailand",     "http://www.shiseido.co.th"],
    "TW" : ["Taiwan",       "http://www.tw.shiseido.com"],
    "UK" : ["UK",           "http://www.shiseido.co.uk"],
    "US" : ["USA",          "http://www.shiseido.com"],
    "VN" : ["Vietnam",      "http://www.shiseido.com.vn"]
};
```

图 5.6 页面的源文件

可以看到，用表格可以很明确地切割页面的各个部分，尤其在表现产品列表下的各种产品时，更是起到了良好的保存数据的作用。

下面来介绍一下表格的常用的标签和属性的用法。

1. 基本标签

一个表以<table>开始，以</table>结束；表的内容由<tr>、<th>和<td>构成。<tr>说明表的一个行，表有多少行，就有多少个<tr>；<th>说明表的列数和相应栏目的名称，有多少栏，就有多少个<th>；<td>则填充由<tr>和<th>组成的表格。

2. 基本属性

align：表格的对齐方式，值有 left（左对齐）、center（居中）及 right（右对齐）。

width：表格的宽度。

height：表格的高度。

border：表格边框粗细。border=0，表示没有边框；border=1，表示表格边框的粗细为 1 个像素。

cellspacing：单元格间距。当一个表格有多个单元格时，各单元格的距离就是 cellspacing。表格只有一个单元格,这个单元格与表格上、下、左、右边框的距离也是 cellspacing。

cellpadding:单元格衬距,指该单元格里的内容与 cellspacing 区域的距离。cellspacing 为 0,表示单元格里的内容与表格周边边框的距离。

bgcolor:表格的背景色。

background:表格的背景图。

bordercolor:表格的边框颜色,当 border 值不为 0 时,此值有效,取值同 bgcolor。

bordercolorlight:亮边框颜色,当 border 值不为 0 时,此值有效。亮边框指表格的左边和上边的边框。

bordercolordark:暗边框颜色,当 border 值不为 0 时,此值有效。暗边框指表格的右边和下边的边框。

3. 常用属性用法举例

表格的一些常用属性见表 5.1。

表 5.1　常用属性举例

标题一	标题二	标题三
10	20	30
	20	30
10		30
10	20	30

实现表 5.1 效果的代码如下:

```
<table width="50%" height="20%" border="1" align= "center"
cellspacing= "0" cellpadding="5"  bordercolor="red"
bgcolor="#cc9968">
<tr>
<th>标题一</th> <th>标题二</th> <th>标题三</th>
</tr>
<tr>
```

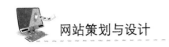

```
<td rowspan="2"> 10</td> <td> 20</td> <td> 30</td>
</tr>
<tr>
<td> 20</td> <td> 30</td>
</tr>
<tr>
<td colspan="2"> 10</td> <td> 30</td>
</tr>
<tr>
<td> 10</td> <td>20</td> <td>30</td>
</tr>
</table>
```

上述例子只是一个简单的数据表格，下面做一下说明。

第一句为表格整体说明。表格边框 1 像素：border="1"；居中：align="center"；边框是红色：bordercolor="red"；背景色是酱色：bgcolor="#cc9968"；宽度 50%：width="50%"；高度 20%：height="20%"。

第二句为标题。<caption>是表格的标题标签，在设置标题时会用到。

<td>为标签的属性。rowspan="2"表示纵跨两行，colspan="2"表示横跨两列。

注意：表格的结构尽量整齐，尽量拆分成多个表格，表格的嵌套层次要尽量少，嵌套表格最好不超过 3 层。

二、使用框架构建网页

框架就是把网页画面分成几个框窗，同时取得多个 URL，只用到<frameset>和<frame>。所有框架标记需要放在一个总的 HTML 文档中，这个文档只记录该框架如何分割，不会显示任何资料，所以不必放入<body>标记。<frameset>用来划分框窗，每一个框窗由一个<frame>标识，<frame>必须在<frameset>范围中使用。

目前应用框架主要用于导航，一组框架通常包括一个含有导航条的框架和另一个要显示主要内容页面的框架。图 5.7 所示为采用框架进行设计的网站。

图 5.7　采用框架设计的网站网页

框架构建的网页需要知道两个标签：框架集 frameset 和框架 frame。框架集是对框架的整合，可以包含一组框架。图 5.7 中，网页就是由两个 frame 构成的 frameset，它们分别是左侧的导航条和右侧的主要内容。

用框架来构建网页一直是备受争议的话题，很多专业的 Web 开发人员都尽量避免使用框架。主要是因为目前的搜索引擎，如百度等，对于采用框架设计的网页不方便进行搜索和获取，这样非常不利于网站的推广。

另外，通过 CSS+ DIV 或者表格等技术也可以实现框架所展现的效果。因此，设计人员可灵活运用框架技术，不必拘泥于一种方式。

三、使用 AP 元素构建网页

AP 元素（绝对定位元素）的概念是从 Dreamweaver CS3 中提出的。Dreamweaver 将带有绝对位置的所有 DIV 标签及其他标签视为 AP 元素，具体地说，就是设置成绝对定位的 DIV 标签或其他任何标签。AP 元素可以包含文本、图像或其他任何可放置到 HTML 文档正文中的内容。

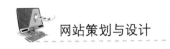

更通俗一点地说，就是在页面元素中加入样式 position: absolute，即绝对定位。

如<input id="test1" type="text" style="position: absolute;"/>，元素 test1 就是 AP 元素。

提示：DIV 元素是用来为 HTML 文档内大块（block-level）的内容提供结构和背景的。DIV 的起始标签和结束标签之间的所有内容都是用来构成这个块的，其中所包含元素的特性由 DIV 标签的属性来控制，或者通过使用样式表格式化这个块来控制。

CSS 是英语 Cascading Style Sheets（层叠样式表单）的缩写，它是一种用来表现 HTML 或 XML 等文件式样的计算机语言。

DIV+CSS 是网站标准（或称 Web 标准）中常用的术语之一，通常为了说明与 HTML 网页设计语言中的表格（table）定位方式的区别，因为在 XHTML 网站设计标准中，不再使用表格定位技术，而是采用 DIV+CSS 的方式实现各种定位。

通过 Dreamweaver，可以使用 AP 元素来设计页面的布局。可以将 AP 元素放置到其他 AP 元素的前后，隐藏一些 AP 元素而显示另一些 AP 元素，以及在屏幕上移动 AP 元素。可以在一个 AP 元素中放置背景图像，然后在该 AP 元素的前面放置另一个带有透明背景文本的 AP 元素。

虽然任何元素都可通过设置绝对定位来创建成 AP 元素，但通常情况下都是应用 DIV 标签来创建 AP 元素的。好处在于 DIV 标签作为分割网页的工具，更能展现网页的结构。在一个绝对定位的 DIV 标签的内容中，可以插入任何元素，如文本、图像等。当 DIV 的绝对位置发生变动时，内部的所有元素也将相应地发生变动。也就是说，DIV 内部的所有元素将作为一个整体随着 DIV 的绝对位置变动而变动。

在 Dreamweaver CS3 中，选择"插入记录"。单击"布局对象"→"AP Div"即可插入 AP 元素。

其代码如下：

```
<style type="text/css">
<!--
```

第 5 章　网站设计的风格和构建方法

```
#apDivl{
position:absolute;
width:200px;
height:115px;
z index:1;
}
-->
</style>
<div id="apDivl">
```

通过用 Dreamweaver CS3 设置方式创建的 AP 元素会自动创建一个 DIV 标签，设置一个默认的 ID：<div id="apDivl">。然后对该元素设置样式：#apDivl(...)。在这个样式中，有两个属性需要说明一下：position:absolute 是绝对定位，没有这个属性，就不能称作 AP 元素，意思是本元素的位置是固定的；z index:1，可设置元素的堆叠顺序，拥有更高堆叠顺序的元素总是处于堆叠顺序较低的元素的前面，此属性只有在绝对定位的元素中可用。

从上面的代码中可以发现，"apDiv"就是通过 CSS+DIV 组合形成的效果。用 CSS+DIV 进行页面布局具有比表格、框架更加优越的特性，具体如下。

① 表现和内容相分离。将样式单独抽出到一个文件中，便于统一设置。

② 提高页面浏览速度。采用 CSS+DIV 构造的页面容量比采用 table 编码的页面文件容量小得多，前者一般只有后者的 1/2 大小。

③ 方便维护及网站升级。

④ 提高搜索引擎对网页的索引效率。

⑤ 方便页面元素定位。

⑥ 网页下载时，会按照 DIV 进行分块下载，提高浏览者的视觉体验度。

在用 CSS+DIV 构建网页时，还需要遵循以下原则：

① 实现标准化，具备主流平台适应性的前端实现。

② 快速开发，在站点风格确定后，前端不应该成为整个项目的瓶颈。

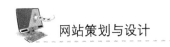

③ 重构的需求，尽可能地让类和区块样式可重复使用。

④ 分离结构和表现的需求，遵守语义化结构的约定。

⑤ 对代码进行必要的搜索引擎优化。

四、使用 Spry 构建网页

在 Web 2.0 的大背景下，AJAX Spry 框架是 Adobe 公司推出的核心布局框架技术。AJAX 允许页面的局部领域被刷新，提高了站点的易用性。

提示：AJAX 全称为 "Asynchronous JavaScript and XML"（异步 JavaScript 和 XML），是一种创建交互式网页应用的网页开发技术。

AJAX 提供与服务器异步通信的能力，从而使用户从请求/响应的循环中解脱出来。借助于 AJAX，可以在用户单击按钮时，使用 JavaScript 和 HTML 立即更新 UI，并向服务器发出异步请求，以执行更新或查询数据库。当请求返回时，就可以使用 JavaScript 和 CSS 来相应地更新 UI，而不是刷新整个页面。最重要的是，用户甚至不知道浏览器正在与服务器通信，Web 站点看起来是即时响应的。

1. Spry 的特点

Spry 框架是一个 JavaScript 库，Web 设计人员使用它可以构建能够向站点访问者提供更丰富体验的 Web 页。有了 Spry，就可以使用 HTML、CSS 和极少量的 JavaScript 将 XML 数据合并到 HTML 文档中，创建构件，如折叠构件和菜单栏，向各种页面元素中添加不同种类的效果。在设计上，Spry 框架的标记非常简单且便于那些具有 HTML、CSS 和 JavaScript 基础知识的用户使用。

使用 Spry 技术，不用写代码就可以完成页面验证和服务器异步通信功能，而 Spry 本身的代码又是学习 JavaScript 和 CSS+ DIV 最好的参考之一。

Spry 的目的是成为实现 AJAX 的一种简单方式。对 HTML、CSS 和 JavaScript 具有入门级水平的设计人员能够发现 Spry 是一种整合内容的简单方法。Spry 应用了少量的 JavaScript 和 XML，但是 Spry 框架是以 HTML 为中心的，因而只要具有 HTML、CSS、JavaScript 基础知识的用户，就可以方便地使用它。

第 5 章　网站设计的风格和构建方法

Spry 与 AJAX 框架是不同的，因为它面向的是设计人员而不是开发人员。与其他一些 AJAX 框架相比，它的服务器端的技术不是很可靠。它依赖于 XML，XML 可以很容易地被 Spry 组件接受。

Spry 有处理来自一个或多个数据集的主要/详细动态区的规定。

2. Dreamweaver 中的 Spry 组件用法详解

Spry 集成在 Dreamweaver CS5/CS4 中，其中包括"Spry 数据""Spry 窗口组件"和"Spry 框架"3 组功能。除了这 3 种 Spry 应用，Dreamweaver CS5 的"行为"面板还新增了一组"Spry 效果"。

Spry 效果：Spry 效果是 Dreamweaver CS5 提供的一组全新的互动式行为功能，这些功能放置在"行为"面板中。借助适用于 AJAX 的 Spry 效果，能够轻松地向页面元素添加视觉过渡，以使它们扩大选择、收缩、渐隐和高光等操作。

Spry 窗口组件：利用 Spry 框架的窗口组件，可以轻松地将常见界面组件添加到 Web 页中。Spry 窗口组件包括"Spry 验证文本域""Spry 验证选择""Spry 验证复选框"和"Spry 验证文本区域"4 种。

Spry 框架：在 Dreamweaver CS5 中使用合适的 Spry 框架，以可视方式设计、开发和部署动态的用户界面。这样就能够在减少页面刷新的同时，增加交互性、速度和可用性。

Spry 数据：Spry 数据包括"XML 数据集""Spry 区域""Spry 重复项""Spry 重复列表"和"Spry 表"5 种类型。在设计动态网页时，可以使用 XML 从 RSS 或数据库将数据集成到 Web 网页中，集成的数据很容易排序和过滤。具体的操作可以理解为，先为页面定义 Spry 数据库（或现有的 RSS 服务），再在网页中添加"Spry 数据集"。

3. Spry 实例

上面介绍了 Spry 的 4 种功能，下面通过创建 Spry 窗口组件中的"Spry 验证文本区域"功能来实际进行操作。

在 Spry 窗口中选择"Spry 验证文本域"，出现"输入标签辅助功能属性"对话框，在这里输入 ID 和标签文字。

设置完毕后，单击"确定"按钮，代码编辑区会自动出现验证文本代码。

同时还会自动创建表单标签<form>，此标签用于在提交页面时指定提交的范围。在生成的代码中再手动加入提交按钮代码：<input type="submit" value="提交"/>。

上述代码中除了"提交"按钮是手动添加外，其他代码都是自动生成的。当单击"提交"按钮时，会自动调用 Spry 的验证机制，查看当前的输入框中是否有值，如果没有值，就提示"需要提供一个值"。这些验证都是通过 Spry 提供的 JavaScript 进行的。

五、使用模板构建网页

在 Dreamweaver 中使用模板构建网页是非常快捷方便的方式，便于整个网站统一风格。版本升级时，通过修改几个模板就可以实现整个网站的大部分的页面变化。

下面介绍一下如何应用模板来制作网页。

1. 模板的应用

① 单击菜单栏"新建"→"从模板新建"命令，弹出"从模板新建"对话框，如图 5.8 所示。

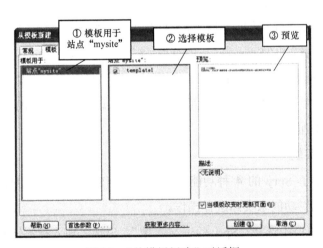

图 5.8 "从模板新建"对话框

② 单击"修改"→"模板"→"应用模板到页"，如图 5.9 所示。

第 5 章 网站设计的风格和构建方法

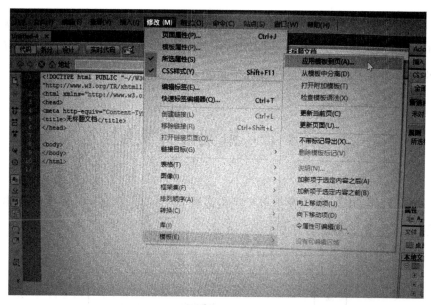

图 5.9 从模板新建

③ 弹出"选择模板"对话框,如图 5.10 所示。输入站点名称并选择模板,单击"选定"按钮完成模板应用。

图 5.10 "选择模板"对话框

2. 更新模板,以全面更新站点

在网站建设中,会将网站的很多结构相似的页面通过几个模板来实现,这样,在进行全站页面更新升级时,只需修改几个模板就可以很方便地修改全站的样式,这是一种很简捷的方式。

基于某一模板建立了一些页面后,对模板进行修改后保存时,就会自动弹出一个对话框,列出所有使用了该模板的页面,询问是否要更新。

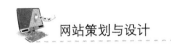

注意：模板使用的是相对路径，如果没有指定网站在本地的位置，软件就不能准确找到并保存模板文件。同时，应用模板新建和更新页面时，页面中的超链接也不能随页面文件保存位置的不同而相应变化。

第4节　框架设计实例

本节将用 DIV+ CSS 模拟框架集构造网页结构。创建之前在纸上勾画出想要创建网页的大体轮廓，如图 5.11 所示。

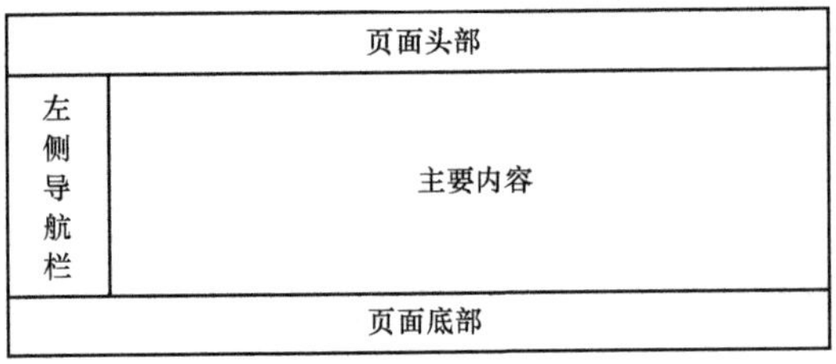

图 5.11　网页轮廓图

页面头部：主要用来展示网站的主题思想，如公司的 Logo，或者比较醒目的广告。

左侧导航栏：是网站主要内容的导航，此栏目和页面头部需要贯穿网站所有页面，一方面便于统一风格，让网站看起来更专业；另一方面可以使浏览者清楚地知道自己当前浏览的内容属于网站的哪方面的信息，从视觉上给浏览者良好的用户体验。

主要内容：是当前浏览页面的主要信息。

页面底部：主要用于说明公司的基本信息，如联系我们、友情链接等。

大连商品交易所网站（http://www.dce.com.cn）主要信息的展示样式如图 5.12 所示，上述框架结构在此网站中得到了充分的显示。

这是一种很经典的分割网页的方式，该网站通过用 DIV 将网页整体分为头部、尾部、左侧导航及主要内容 4 个部分，每个部分再通过 table 进行单独的分割，用 CSS 描绘样式，从而实现最终的效果。

第 5 章 网站设计的风格和构建方法

图 5.12 大连商品交易所网站信息框架

其实本身的技术并不难，只是将 DIV+ CSS 和 table 进行了有效的结合。因此，自己设计网页时，应尽量吸收不同技术的优点，进行结合运用，就会收到不错的效果。

下面这段代码是用 DIV+ CSS 来实现上述框架的表现样式的。

```
<!DOCTYPE html PUBLIC"-//W3C//DTD XHTML 1.0 Transitional//EN""http://www w3.org/TR/xhtml1/DTD/xhtml1-transitional.dtd">
<html xmlns="http://www.w3.org/1999/xhtml">
<head>
<meta http-equiv="Content-Type" content="text/html; charset=utf-8" />
<title>div 布局页面</title>
<style type="text/css">
*{margin: 0; padding: 0; list-style: none;}
html{height: 100%; overflow: hidden; background: #fff;}
body{height: 100%; overflow: hidden; background: #fff;}
div{background: #CCCCFF; line-height: 1.6;}
.top{position: absolute; left: 10px; top: 10px; right: 10px; height: 50px;}
```

```
.left{position: absolute; left: 10px; top: 70px; bottom: 70px; width
200px; overflow: auto;}
.main{position: absolute; left: 220px; top: 70px; bottom: 70px;
right: 10px; overflow: auto;}
.bottom{position: absolute; left 10px; bottom: 10px; right:10px;
height: 50px;}
html{padding: 70px; 10px;}
.top{height: 50px; Margin-top:-60px; margin-bottom: 10px;}
position: relative; top: 0; right 0; bottom: 0; left: 0;
.left{height: 100%; float: left; width: 200px;}
position: relative; top: 0; right 0; bottom: 0; left: 0;}
.main{height: 100%; margin-left 207px;
position: relative; top: 0; right: 0; bottom: 0; left: 0;}
.bottom{height: 50px; margin-top:10px;
position: relative; top: 0; right 0; bottom: 0; left: 0;}
</style>
</head>
<body>
<div class="top">
<div class="left">
<div class="main">
<div class="bottom">
</body>
</html>
```

通过上面的代码即可实现图 5.13 所示的效果。在上述代码中，通过 4 个 DIV 块将页面分割成上（top）、下（bottom）、左（left）和右（main）4 个区域。定位是通过绝对定位 position:absolute 属性及与这个属性相配合的 left、top、bottom 及 right 属性来实现的。

第 5 章　网站设计的风格和构建方法

图 5.13　框架效果

在<div class="top">、<div class="left">、<div class="main">及<div class="bottom">标签里可以嵌入任何自己想要表现的对象。可以直接和 table 结合，也可和框架 frame 结合，视需要而定。

第 6 章

网站的前台设计

对于网页设计的评估，最有发言权的是网站的用户，然而用户无法明确地向网站设计者描述出想要的网页，停留或者离开网站是他们表达意见的最直接方法。

好的网站策划者除了要听取团队中各个角色的意见之外，还要善于从用户的浏览行为中捕捉用户的意见。在客户打开网页的一瞬间，就要让客户直观地感受到企业所要传递的理念及特征，如网页色彩、图片、文字及布局等。

第1节 网站前台的布局设计

网页制作的第一步是版面布局设计。就像传统的报纸杂志编辑一样，将网页当作一张报纸、一本杂志进行排版布局。虽然动态网页技术的发展使页面制作开始趋向于场景编剧，但是固定的网页版面设计基础依然是必须学习和掌握的。

一、版面分辨率的设置

版面指的是通过浏览器看到的完整的页面（可以包含框架和层）。因为每个电脑的显示器分辨率不同，所以同一个页面的大小可能出现 640×480 px、800×600 px 及 1 024×768 px 等不同的显示尺寸。而布局就是以最适合浏览的方式将图片和文字排放在页面的不同位置。

二、常见的网页结构类型

科学的网页结构能够更好地展现网站信息，让任务完成起来更容易，对内容的存取更直接。网页结构的科学性和艺术性使信息的管理更方便。

常见的网页布局结构主要有以下几种：

1. T 形布局

所谓 T 形布局，就是指页面顶部为横条网站标志与广告条、下方左边为主菜单、右边显示内容的布局。因为菜单条背景较深，整体效果类似英文字母"T"，所以称之为 T 形布局。这是网页设计中应用最广泛的一种布局方式。这种布局的优点是页面结构清晰，主次分明，是初学者最容易学会的布局方法。缺点是规矩呆板，如果细节色彩上不注意加工，很容易让人觉得乏味。

2. 口形布局

这是一个象形的说法，一般就是页面上下各有一个广告条，左边是主菜单，右边放友情链接等，中间是主要内容。这种布局的优点是能充分利用版面，信息量大；缺点是页面拥挤，不够灵活。也有将四边空出，只用中间的口形设计，例如网易网站。

3. 三形布局

这种布局多为国外站点使用，国内用得不多。特点是页面上横向两条色块将页面整体分割为三部分，色块中大多放广告条。

4. 对称对比布局

顾名思义，采取左右或者上下对称的布局，一半深色，一半浅色，一般用于设计型站点。优点是视觉冲击力强；缺点是对两部分进行有机的结合比较困难。

5. POP 布局

POP 引自广告术语，就是指页面布局像一张宣传海报，以一张精美图片作为页面的设计中心。这种布局常用于时尚类站点，比如 http://www.elle.com/。优点显而易见：漂亮，吸引人；缺点就是速度慢。

以上总结了目前网络上常见的网页布局，其实还有许多别具一格的布局，关键在于设计者的创意和设计。对于版面布局的技巧，这里提供以下4个建议：

① 加强视觉效果。

② 加强文案的可视度和可读性。

③ 加强统一感。

④ 具有新鲜感和个性。

第 2 节　网页布局方法

网页布局要遵循一定的方法，这样做出来的网站才能符合用户的要求。

一、布局应该遵循的原则

在布局过程中，可以遵循的原则如下。

1. 平衡

下面通过一个 Logo 设计实例来看一看平衡的多种变化。图 6.1 所示是 Logo 的初稿。如何知道它的"平衡"性呢？

图 6.1　Logo 初稿

可以用色块来代替 Logo 中的元素，如果用 3 个黑色矩形代替这个 Logo 中的 3 个单词，就可以得到如图 6.2 所示的图案。可见这个 Logo 是"平衡"的，基本合格。

图 6.2　黑色矩形

但是这个 Logo 的结构显得比较简单，也比较呆板，可以加一个底边将对称打破，这样整个画面就有了动感。同时，使 Asteroid 和 Studio 之间建立了某种联系，形成一个整体，如图 6.3 所示。

图 6.3　修改后的整体布局

通过图 6.4 可以看出，这个设计仍然是"基本对称"的，但有些保守。

图 6.4　基本对称

不妨再进一步打破对称，最终效果如图 6.5 所示。注意，打破对称不是打破平衡，而是用非对称平衡代替对称平衡。

图 6.5　最终效果

正常平衡也称"匀称"，多指左右、上下对照形式，主要强调秩序，能达到安定、诚实、信赖的效果。

匀称是最常见、最自然的平衡手段，这种方式通常用来设计比较正式的页面，不过还需要和其他方式结合起来使用。

异常平衡，即非对照形式，但也要保持平衡，注意韵律。此种布局能达

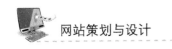

到强调性、不安性、高注目性的效果。

这里列举两个例子：非对称平衡和辐射平衡。

非对称平衡：非对称其实并不是真正的"不对称"，而是一种层次更高的"对称"，如果把握不好，页面就会显得乱，因此使用起来要慎重，更不可用得过滥。

辐射平衡：页面中的元素以某一个点为中心展开，就可以构成辐射平衡。

2. 对比

对比不仅可以利用色彩、色调等技巧来进行表现，在内容上也可以涉及古与今、旧与新、贫与富等对比。

3. 空白

空白有两种作用：一方面对比其他网站，可以突出卓越；另一方面也表示网页品味的优越感。这种表现方法对体现网页的格调十分有效。

4. 用图片解说

此法表现不能用语言说服或用语言无法表达的情感特别有效。图片解说的内容，可以传达给浏览者更多的心理因素。

以上的设计原则虽然枯燥，但是如果能领会并灵活用到页面布局中，效果就会有很大不同。还要注意以下几个方面：

① 网页的白色背景太虚，则可以加些色块。

② 版面零散，可以用线条和符号串联。

③ 左边文字过多，右边则可以插一张图片来保持平衡。

④ 表格太规矩，可以尝试改变表现方式。

专业的科研机构研究表明，人对彩色页面的记忆效果是黑白页面的 3.5 倍。也就是说，在一般情况下，彩色页面比完全黑白的页面更加吸引人。所以，通常的做法是：主要内容的文字用非彩色（黑色），边框、背景和图片用彩色。这样页面整体不单调，看主要内容也不会眼花。一个网站不可能单一地运用一种颜色，这样会让人感觉单调、乏味；但是也不可能将所有的颜色都运用到网站中，这样让人感觉轻浮、花哨。所以，确定网站的主题色也是设计者必须考虑的问题之一。

第6章 网站的前台设计

当主题色确定好以后，考虑其他配色时，一定要考虑其与主题色的关系、要体现的效果，以及哪种因素占主要地位，是明度、纯度还是色相。

二、页面布局步骤

页面布局是一个创意的问题，但比站点整体的创意容易、有规律得多。页面布局的步骤如下。

1. 草案

新建页面就像一张白纸，没有任何表格、框架和约定俗成的东西，可尽可能地发挥想象力，将自己想到的"景象"画上去（建议用一张白纸和一支铅笔，当然，用作图软件 Photoshop 等也可以）。这属于创造阶段，不讲究细腻工整，不必考虑细节功能，只以粗陋的线条勾画出创意的轮廓即可。尽可能多画几张，最后选定一个满意的设计，作为继续创作的脚本。

2. 粗略布局

在草案的基础上，将确定需要放置的功能模块安排到页面上。主要包括网站标志、主菜单、新闻、搜索、友情链接、广告条、邮件列表、计数器及版权信息等。注意，这里必须遵循突出重点、平衡协调的原则，将网站标志、主菜单等最重要的模块放在最显眼、最突出的位置，然后再考虑次要模块的摆放。

3. 定案

将粗略布局精细化、具体化。

第3节　网页的色彩搭配

打开一个网站，给用户留下第一印象的既不是网站丰富的内容，也不是网站合理的版面布局，而是网站的色彩。色彩对人的视觉效果非常明显，一个网站设计得成功与否，在某种程度上取决于设计者对色彩的运用和搭配。因为网页设计属于一种平面效果设计，除立体图形、动画效果之外，在平面图上,色彩的冲击力是最强的,它很容易给用户留下深刻的印象。因此,在设计网页时,必须要高度重视色彩的搭配。

一、网页色彩的冷暖设计

要根据网站需求定位进行色彩的冷暖设计。冷暖色彩给人心理情感带来的变化是很丰富的,如图 6.6 所示。客观地讲,色彩本身并无冷暖的变化,但是当人看到不同的色彩时,会产生不同的心理联想,从而引起心理情感的变化。

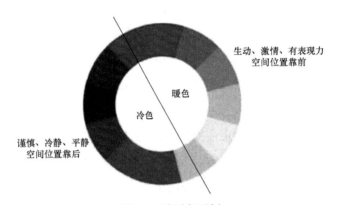

图 6.6　冷暖色示例

暖色:用户见到橙色、黄色、红紫色和红色等颜色后,马上联想到火焰、太阳、炉子和热血等物像,感觉到温暖、热烈等信息。所以儿童网站采用暖色调可给人可爱温馨的感觉。

暖色的网站具有向外辐射和扩张的视觉效果,鲜艳夺目,散出一种照耀四方的活力与生机。例如女性类网站,采用红色做主调,加之诱人的肤色,会给人一种心动的感觉,如图 6.7 所示。

冷色:用户见到草绿、蓝绿、天蓝和深蓝等颜色后,很容易联想到草地、太空、冰雪和海洋等物像,产生广阔、理智、寒冷和平静等感觉。蓝色和绿色是大自然赋予人类的最佳心理镇静剂。一些科技网站经常使用冷色调,如图 6.8 所示。

第 6 章 网站的前台设计

图 6.7 瑞丽女性网

图 6.8 上海科技网

医学专家研究表明，人在看到冷色系列的色调时，皮肤温度会降低 1～2℃，脉搏跳动次数会减少 4～8 次，并伴随着血压降低、心脏负担减轻等现象。例如蓝色和绿色，是希望的象征，给人以宁静的感觉，可以降低眼内压力，减轻视觉疲劳，安定情绪，使人呼吸变缓。所以医院的网站一般采用以平安镇静为主流的蓝色调。

几种网站的常用颜色如下。

儿童网站：采用暖色，如红色、橙色、黄色、红紫色和橘红色等。

女性网站：采用暖色，如红色等。

休闲、娱乐网站：采用暖色，如红色、紫色和橘红色等。

运动、健康和医院网站：采用冷色，如蓝色、绿色等。

饮食网站：采用暖色，如橙色、橘红色等。

日用品网站：采用淡冷色、淡暖色或者中性色调。

二、网页安全色

在网站制作中，经常会提到网页安全色。

由于浏览器在显示某种颜色时是有选择的，如果没有其他相应的图像处理接口程序，只能选择其中的 216 种进行显示。无论是红色（00～ff）、绿色（00～ff）、蓝色（00～ff）还是其他任一颜色通道，都采用一种"跳跃"的方式进行颜色编码，即 RGB 都只能在 00～ff 之间跳跃取值。这些跳跃显示的颜色被称为网页安全色，它在任何浏览器上都能够正确显示。

提示： 颜色通道是用来保存每张图片的三原色资料的场所，在 Photoshop 中熟练运用颜色通道对图片进行调整，可以得到生动的效果。

216 网页安全色在不同硬件环境、不同操作系统及不同浏览器中都能够正常显示，也就是说，这些颜色在任何终端显示设备上的显示效果都是相同的。所以，使用 216 网页安全色进行网页配色可以避免原有的颜色失真问题。

三、网页的配色规则及技巧

网站的色彩搭配很重要，而色彩搭配有一定的规则和技巧，掌握这些规则和技巧才能设计出一个优秀的网站。

1. 配色规则

网页的配色规则是根据网页具体位置的不同功能而设定的。下面按照网页标题、网页链接、网页文字及网页标志的层次进行介绍。

（1）网页标题

网页标题是网站的指路灯，浏览者要在网页间跳转，要了解网站的结构、网站的内容，都必须通过导航或者页面中的一些小标题。所以，可以使用稍微具有跳跃性的色彩来吸引浏览者的视线，让其感觉网站清晰明了，层次分明。如果色彩相近度高，会让浏览者感到混乱。

（2）网页链接

任何网站都不可能只有一个页面，所以文字与图片的链接是网站中不可缺少的部分。这里特别指出文字的链接，是因为文字的链接与文字不同，所以文字链接的颜色不能跟文字的颜色一样。现代人的生活节奏相当快，不可能浪费太多的时间在寻找网站的链接上，因此，可以设置独特的链接颜色，让人感觉到其独特性，从而驱使用户移动鼠标，点击链接。

（3）网页文字

如果一个网站用了背景颜色，就必须考虑背景颜色与前景文字的搭配等问题。一般的网站侧重的是文字，所以背景可以选择纯度或者明度较低的色彩，文字用较为突出的亮色，让人一目了然。

当然，有些网站为了让浏览者留下深刻的印象，经常在背景上做文章。比如，一个空白页的某个部分用了很亮的一个大色块，可以让用户感觉到豁然开朗。此时网站为了吸引浏览者的视线，突出的是背景，所以文字就要显得暗一些，这样文字才能跟背景分离开来，便于浏览者阅读文字。

（4）网页标志

网页标志是宣传网站最重要的部分之一，所以这部分一定要在页面上凸显出来。读者可以将 Logo 和 Banner 做得鲜亮一些来实现突出显示，也就是色彩方面跟网页的主题色分离开来。有时为了使网页标志更突出，也可以选用与主题色相反的颜色。

为了能让网页设计得更亮丽、更舒适、更具有可读性，必须合理、恰当地运用与搭配页面各要素间的色彩。

2. 不同类型的网站设计规则

网站的类型很多，类型不同，其目的和侧重点也不同，对用户的情感诉求也会不同。下面主要从网站的类型层面来简单探讨色彩在网页上的应用。

（1）门户类

其主要需求是方便用户在大量堆砌的信息中快速、有效地进行目标选择，因而页面色彩可倾向于清爽、简洁的风格。

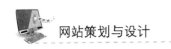

搜狐、网易等门户网站采用清爽简洁的浅色调来降低信息快速获取时的视觉干扰。同性质的网站主要是依据自己公司主色系或Logo来做区分，便于用户对品牌的识别。

推荐网站：http://www.sohu.com/。

（2）产品类

其主要目的是展示产品的特性，增加浏览者的消费欲望。页面色彩可根据具体产品定位做多样化设计。如Apple产品宣传网站，其简洁的灰白色调给网站带来科技感和现代感。

推荐网站：http://www.apple.com.cn/。

（3）社区类

其主要目的是使操作简单易用，具有长时间使用的舒适度，因此其页面色彩也倾向于清爽、简洁的风格。

以分享、交流信息为主的社区网，同门户网一样，是为了获取有效信息，所以配色上比较简洁。但各社区网又有自己的核心目标用户群，所以在配色方面带有各自的特点。

如人人网，其核心用户是在校学生，所以在页面顶端运用活泼的蓝色色调来渲染青春朝气的氛围。

推荐网站：http://www.renren.com/。

（4）公司、企业类

其主要目的是展示企业形象，加深品牌印象。可应用Logo的主色系进行设计，达到品牌形象的统一。

推荐网站：http://www.10086.cn/。

（5）电子商务类

其目的是方便、快捷地查看商品和进行交易，运用暖色调渲染气氛，可让用户感受到网站整体的活跃氛围和愉悦感。

推荐网站：http://www.taobao.com/。

（6）个人类

其主要目的是满足用户个性展示和驾驭能力的需求，页面色彩设计应该

第6章 网站的前台设计

多样化、个性化。现在有很多网站设置了换肤、自定义装扮等功能来满足用户需求，如个人空间、博客和社区等，门户类网站也开始为满足用户的色彩喜好而提供更换皮肤的功能。所以各类个人网站的色彩应用没有固定的模式，可以根据自身定位来灵活设计。

推荐网站：http://blog.sina.com.cn/。

（7）其他类

工具类、活动类等网站，其主要目的是便于用户使用，设计时要多考虑用户体验。

推荐网站：http://www.csdn.net/。

第4节　页面的基本组成

页面的基本组成包括框架、文本、图片、超链接、表格、表单及动画等。

1. 框架

框架是网页的一种组织形式，将相互关联的多个网页的内容组织在一个浏览器窗口中显示。例如，在一个框架内放置导航栏，另一个框架中的内容可以随着单击导航栏中的链接而改变，这样只要制作一个导航栏的网页即可，而不必将导航栏的内容复制到各栏目的网页中去。

2. 文本

文本是网页中的主要信息。在网页中可以通过字体、字号、颜色、底纹及边框等来设置文本的属性。这里的文字指的是文本文字，并非图片中的文字。

在网页制作中，文字可以方便地设置字体和大小，但是这里还是建议用于正文的文字不要太大，也不要使用太多的字体。中文文字使用宋体，大小为9磅或12像素左右即可。因为过大的字在显示器中显示时，线条不够平滑。颜色也不要用得太过杂乱，以免适得其反。大段文本文字的排列，建议参考一些优秀的报纸杂志。

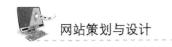

3. 图片

今天看到的丰富多彩的网页，都是因为网页中有了图片，由此可见图片在网页中的重要性。用于网页上的图片一般为 JPG 和 GIF 格式的，即以.jpg 和.gif 为后缀的文件。

注意：虽然图片在网页中不可或缺，但也不能太多。因为图片的下载速度较慢，如果插入了过多的图片，可能会很长时间打不开网页，这样浏览者一般不会再耐心等待。网页上如果放置了过多的图片，还会显得很乱，有喧宾夺主的感觉。

4. 超链接

超链接是网站的灵魂，它是把网页指向另一个目的端的链接，例如，指向另一个网页或相同网页上的不同位置。这个目的端通常是另一个网页，但也可以是图片、电子邮件地址、文件、程序，或者本页中的其他位置。超链接可以是文本或者图片。

超链接广泛存在于网页的图片和文字中，提供与图片和文字相关内容的链接。在超链接上单击，即可链接到相应地址（URI）的网页。有链接的地方，鼠标指到时，光标会变成小手形状。可以说超链接正是 Web 的主要特色。

5. 表格

表格是网页排版的灵魂。使用表格排版是现在网页的主要制作形式，通过表格可以精确地控制各网页元素在网页中的位置。

表格并非指网页中直观意义的表格，范围要更广一些，它是 HTML 语言中的一种元素。表格主要用于网页内容的排列，组织整个网页的外观，通过在表格中放置相应的图片或其他内容，即可有效地组合成符合设计效果的页面。有了表格的存在，网页中的元素得以方便地固定在设计的位置上。一般表格的边线不在网页中显示。

6. 表单

表单是用来收集站点访问者信息的域集。站点访问者填写表单的方式是输入文本、单击单选按钮与复选框，以及从下拉菜单中选择选项。在填写好表单之后，站点访问者便可以发送所输入的数据，该数据会根据所设置的表单处理程序，以各种不同的方式进行处理。

7. 动画

动画是网页上最活跃的元素，通常制作优秀、创意出众的动画是吸引浏览者的最有效的方法。但太多的动画会让人眼花缭乱，无心细看，这就使得对动画制作的要求越来越高。常用的制作动画的软件有 Animate、HTML5 等。HTML5 虽然出现时间不长，但已经成为最重要的 Web 动画形式之一。HTML5 赋予网页更好的意义和结构，支持网页端的多媒体功能，同时与网站自带的摄像头、影音功能相得益彰。

HTML5 开发的网页 APP 拥有更短的启动时间、更快的联网速度、更有效的连接工作效率，使得基于页面的实时聊天、更快速的网页游戏体验、更优化的在线交流得到了实现。基于 HTML5 的强大功能，用户会惊叹于在浏览器中所呈现的惊人视觉效果。

8. 其他

网页中除了这些最基本的元素外，还包括横幅广告、字幕、悬停按钮、日戳、计数器、音频及视频等。

第5节 网站前台设计所使用的工具

学习做网页，一定要认识下面这 3 个最优秀的网站制作工具，它们也是当前世界上最流行的网页设计与制作的软件。

Dreamweaver 用于设计、布局网页，其所见即所得的方式可以让你像编辑 Word 一样编辑网页。若要学习代码，还可以调到代码模式，增加对 HTML 代码的认识。

Photoshop 用于设计网页图片，比如 Banner、Logo，或者给网页整体设计切图。

Animate 用于制作二维动画，网络上绝大多数的二维动画及游戏都是用这个工具制作的。

一、Dreamweaver 软件介绍

全球最大的图像编辑软件供应商 Adobe 官方宣布，以换股方式收购软件公司 Macromedia，Macromedia 是著名的网页设计软件 Dreamweaver 及 Flash 的供应商。据悉，此项交易涉及金额高达 34 亿美元。根据双方达成的协议，Macromedia 股东将以 1:0.69 的比例获得 Adobe 的普通股。自此，Dreamweaver 开始属于 Adobe 设计软件系列。

Adobe Dreamweaver 是一款集网页制作和管理网站于一身的所见即所得网页编辑器，是第一套针对专业网页设计师特别发展的视觉化网页开发工具，利用它可以轻而易举地制作出跨越平台限制和浏览器限制的充满动感的网页。

Dreamweaver 对 HTML 的支持特别好，可以比较容易地做出很多炫目的页面特效。插件式的程序设计使得其功能可以无限扩展。同时，还支持 ASP 和 JSP 语言的开发，因此，认为 Dreamweaver 是高级网页制作的首选软件并不为过。

Dreamweaver 主要用于布局网页，将美工效果图实现为正式网页。

二、Photoshop 软件介绍

Photoshop 是 Adobe 公司旗下最著名的图像处理软件之一，是集图像扫描、编辑、制作、广告创意和图像输入/输出于一体的图形图像处理软件，深受广大平面设计人员和电脑美术爱好者的喜爱。

网络的普及是更多人需要掌握 Photoshop 处理技术的一个重要原因，因为在制作网页时，Photoshop 是必不可少的网页图像处理软件。可以说网页中能看到的大部分图片、文字都是在 Photoshop 中制作的，包括网页 Logo、网页图片、网页按钮、网页文字特效等。

第 6 章　网站的前台设计

三、Animate 软件介绍

Animate 由原 Flash 更名得来，其维持原有 Flash 开发工具，支持 HTML 5 创作工具，为网页开发者提供了更适应现有网页应用的音频、图片、视频、动画等创作支持。Animate CC 拥有大量的新特性，特别是在继续支持 Flash SWF、AIR 格式的同时，还会支持 HTML 5，并能通过可扩展架构去支持包括 SVG 在内的几乎任何动画格式。

它也是交互式矢量图和 Web 动画的标准。网页设计者可使用 Animate 创作出既漂亮又可改变尺寸的导航界面及其他奇特的效果。Animate 不但易学、易用，而且可以做出含有很多动画的网站，做到声色结合。此外，其体积小，可边下载边播放，这样就避免了用户长时间的等待。可以用其生成动画，还可以在网页中加入声音，这样用户就能生成多媒体的图形和界面，而其文件的体积却很小，可以做出互动性很强的主页。

Animate 的作用往往是画龙点睛，吸引人的注意，使网站充分"动"起来。

四、网页配色辅助软件介绍

网页配色一直是网站设计师最苦恼的问题，除了靠积累的经验进行处理外，现在也有一些配色辅助软件，可为设计师提供一定的帮助。下面主要介绍两个软件：Color Schemer Studio 和 Play Color。

1. Color Schemer Studio

可以说，Color Schemer Studio 是迄今为止笔者见过的最优秀的一款配色软件，故在此做详细介绍。Color Schemer Studio 的界面如图 6.9 所示。

尽管 Color Schemer Studio 只有 2.25 MB，但却能提供非常丰富的网页配色解决方案。使用时，使用者可以在"颜色轮""颜色协调"和"推荐颜色"3 个窗口中自由切换。

"推荐颜色"能从当前的多种颜色中提供最适合的颜色。选取颜色时，可以将窗口放大 2 800 倍，具有很高的精确度。配色完毕之后，可以通过配色分

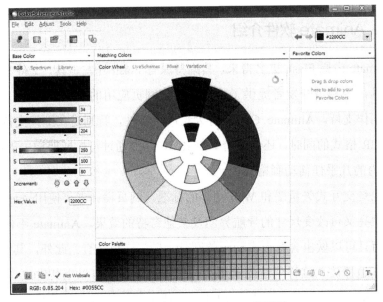

图 6.9　Color Schemer Studio 的界面

析器查看自己的配色方案是否合理。如果从配色分析器中选择某种颜色作为背景，软件会自动推荐应该使用的文字颜色。

Color Schemer Studio 是一个专业的配色应用程序，可以帮助建立较好的配色方案，快速而轻松。它的主要特点如下：

① 工作域采用 RGB 和 CMYK 的色彩管理环境。
② 能够创建并且保存调色板。
③ 能够识别色彩。
④ 能够转换成一个完整的配色方案。
⑤ 能够混合颜色和创造梯度混合。
⑥ 能够找到类似或相关的颜色。
⑦ 能够进行分析对比，具有高度的可读性。
⑧ 能够抓取屏幕上任何地方的颜色。
⑨ 能够打印用户的配色方案。

2．Play Color

如果想获取屏幕上某点的颜色，或者想知道某种颜色代码所表示的颜色，又或者想调出某种漂亮的颜色,Play Color 是一个非常适合的工具。其界面如图 6.10 所示。

Play Color 是在 Visual Basic 5.0 开发平台上开发的免费软件。此软件的特点是拥有友好的界面和小巧的身躯,可以获取屏幕上任何地方的颜色,以 RGB、网页、十六进制、色素代码及 Delphi 颜色输出(也可以直接输入调配颜色)。还自带真色彩调色板和颜色收藏夹,以及一些颜色处理功能。

图 6.10　Play Color 的界面

本软件适用于编程和网页制作。具体地说,它的功能如下:
① 拥有灵活的拾取颜色方法。
② 支持颜色值分组收藏并可以自由调用。
③ 支持颜色的简单处理,如反色和灰度调整。
④ 能够分析网页颜色值,得到网页的基调色。
⑤ 具有许多贴心设计,比如单击标签可以复制色值。
⑥ 支持热键拾取颜色,带有浮动窗体,方便使用。

第 6 节　网页文字的设置

在网站设计的过程中,每天都在与文字打交道,但是很多人一直没有注意到它们的存在,也没有很好地使用它们,甚至滥用,这一切都是因为设计者不了解它们。文字作为网页的重要元素之一,在设计领域也是最深奥的学问之一。下面先来介绍一下文字中的字体。

一、字体

网页中的文字是浏览者浏览网页并获取信息的第一媒介,文字设置的效果直接影响网站的表达效果。下面简单介绍一下网页中字体的类型、样式、单位、间距及其形成的段落等。

1. 字体的类型

在正式介绍字体类型之前，先介绍一下衬线。衬线（serif）就是笔画边缘的装饰部分，如图 6.11 中圈出的地方所示。

图 6.11　衬线

衬线设计的初衷是更清楚地标明笔触的末端，提高其辨识度和读者阅读速度。另外，使用衬线字体会让人感觉更加正统。所以常见的英文书籍，特别是论文、小说，很多都是使用衬线体来完成正文的。

网页设计中常用的衬线体有 Times New Roman 和 Georgia。

在中文里，使用的宋体就是衬线字体。

（1）非衬线体/无衬线体（Sans-serif）

字体如果不带衬线，就称为非衬线体或者无衬线体，如图 6.12 所示。

AaBbCc

图 6.12　非衬线体

网页设计中常用的非衬线体相对较多，英文有 Helivetica、Calibri 等。

值得注意的是，虽然在书籍中衬线字体被广泛应用，但是在互联网上，衬线字体很少被使用。由于电脑屏幕分辨率与书籍不具可比性，所以正文 10～12 px 的衬线字体在电脑屏幕上是很难辨认的。

（2）等宽字体（Monospace）

等宽字体事实上只针对西文字体。因为英文字母的宽度各不相同，例如，

i 就要比 m 窄很多，编程时，如果字母不等宽，那么版面会很难看。在 DOS 命令行中，可以看到使用的是等宽字体。

编程所用的等宽字体有如下要求：

① 所有字符等宽。

② 简洁、清晰、规范的字符形体。

③ 支持 ASCII 码为 128 以上的扩展字符集。

④ 空白字符（ASCII：0×20）与其他字符等宽。

⑤ "1" "l" 和 "i" 3 个字符易于区分。

⑥ "0" "o" 和 "O" 3 个字符易于区分。

⑦ 双引号、单引号的前后部分易于区分，最好是镜像对称的。

⑧ 清晰的标点符号外形，尤其是大括号、圆括号和方括号。

常见的等宽字体有 Courier 等。

（3）手写体（Calligraphy）

手写体就是手写风格的字体，有时也称之为书法字体。中文的书法字体大多都比较生硬。推荐使用日文的书法字体。日文书法字体更加柔美，更人性化。但使用日文书法字体的缺点就是其大都是繁体，另外，很多汉字在日文中没有。

（4）符号体（Symbol）

Windows 里最著名的符号体就是 Webdings，如图 6.13 所示。

图 6.13　Webdings 字体

2. 字体的样式

常见的字体的样式为正常 normal、粗体 bold 及斜体 italic 等。

简单来说，粗体就是字体更黑、更粗，斜体就是将字轴微微倾斜。它们都是用在篇幅内用于强调的某段文字上。

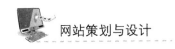

在说到粗体时,很容易联想到 CSS 里的 font-weight(字重)属性。font-weight(字重)属性值除了平常使用的 normal、bold 外,还有 bolder、lighter、100～900 等属性。

优秀的字体会对不同的字重提供不同的设计。如果字体事先内置了不同粗细程度的设计,那么这几个数值将分别对应相应等级。

例如 Zurich 字体,包含了 Zurich Light、Zurich Regular、Zurich Medium、Zurich Bold、Zurich Black 及 Zurich UltraBlack 6 种字体。Zurich Light 对应的是 100、200、300 三个数值,Zurich Regular 对应的是 400 即"正常 normal",Zurich Medium 对应的是 500,Zurich Bold 对应的是 600、700 即"粗体 bold",Zurich Black 对应的是 800,Zurich UltraBlack 对应的是 900。

对于中文斜体,一般不在网络上使用。因为中文笔画繁多,使用了斜体将难以辨认。

3. 单位

在 Web 设计中会用到如下一些单位:

(1)点(pt、point)

1 英寸(inch)=72 点(points),1 皮卡(pica)=12 points。

(2)像素(pixel、px)

像素就是电脑屏幕上的一个最小的图像单元,通俗地说,就是屏幕上最小的一个点。

(3)dpi、ppi

dpi 全称是 dots per inch(点每英寸),ppi 全称是 pixel per inch,它们是解析度(Resolution)的单位,也就是说,1 英寸的长度上能安排多少个点(像素)。

举个例子:一般来说,显示器是 72 ppi,也就是 1 英寸的长度上有 72 个点(像素)。dpi 或 ppi 越高,解析度就越高,也就是说,颗粒越小,图像越细腻。照片的解析度为 240～300 dpi,所以照片看起来比屏幕上的细致得多。杂志印刷的解析度为 133 dpi 或 150 dpi,高品质书籍采用 350～400 dpi。大多数精美的书籍印刷时用 175～200 dpi,所以同样大小的文字,在书上看比在屏幕上看要清晰得多。这就是前面提到的,英文书籍印刷可以大胆地使用非衬线体的原因。

dpi 和 ppi 唯一的差别在于 dpi 常常用于描述扫描仪和打印机,而 ppi 常常用于描述屏幕的分辨率。

(4) ex、x-height

两者常在 CSS 中使用。1 ex=小写字母 x 的高度。

(5) em

常在 CSS 中使用。1 em=字体大小的 100%,是一个倍数单位。

4. 常用字号设置

网页设计中常使用 12 px 字体,18 px 行距。网页正文中,以每行 40～70 个字母为宜。除了一些常规问题之外,网站的易读性是网站设计师最应注意的问题。

易读性描述的是阅读文本时的轻松和舒适程度。实际上,一般设计的最根本的目的也在于此。除了上节中叙述的一些原则外,下面是一些易读性原则。

① 一份设计上至多使用 3 种字体。要保证一定的对比度,但又不可有过度的对比。阳文(白底黑字)比阴文(黑底白字)要更容易阅读。在#fff 的背景上,#333 的文字要比#000 的文字看起来舒服。

② 要注意文字所在的背景,背景要单一,避免背景噪声。

③ "少即是多",用最少的元素传达最多的信息。

④ 让链接看起来像是一个链接。

⑤ 利用好空间。

二、行距和段落

文本中的属性主要有两个:行距和段落。行距决定段落中文本行之间的垂直间距;段落决定段落前后的间距。

1. 行距

说到行距（行间距、line-height、leading），必须先要学习一个术语——基线（baseline）。刚学英语时，写字母用的练习本上最粗的横线就是基线。大部分字体中，大写字母总是紧贴基线的。中文的字体和英文的大写字母情况一样。图6.14中圈出来的线就是基线。

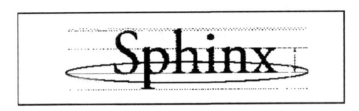

图6.14 基线

行距指两个相邻的行之间基线的距离。行距的单位常常使用em，也就是根据字体大小来定义行距。在浏览器中，默认的行距并没有一个准则。根据W3C提出的建议，默认的行距应该在1.0～1.2 em。

事实上，在设定行距时，排版上有个原则，即行与行之间的空隙一定要大于单词与单词之间的空隙，否则，阅读者在阅读的时候容易"串行"，阅读比较困难。

充足的行距可以隔开每行文字，使眼睛容易区分上一行或下一行。近几年，Web上对正文的排版大多用1.5 em行距，尤其是中文网站。也就是说，如果使用了12 px的字体大小，那么设计师常常喜欢18 px的行距。1.5 em确实是一个很好的经验值。事实上，中文论文的排版通常也是使用1.5 em的行距。

提示：字间距是指一组字母之间相互间隔的距离。字间距影响一行或者一个段落的文字的密度。

字距调整是一种因视觉需要而做的技术处理。简单地说，在两个特定的字符连排的时候，可以为它们单独指定与众不同的字间距。比如，当一个大写字母A后面跟随一个小写字母v的时候，两个字符间就会出现视觉上更大的间距（实际上字间距是一样的），这是普通的字符间距所无法解决的。如果减小它们的间距,那么其他的字母就会连成一团。这时就需要用字距调整来处理。如图 6.15 所示。

2. 段落

对一段文字的处理,要注意两个属性:段落中每一行的行宽和这段文字的对齐方式。

图 6.15 应用了字距调整的例子

(1)行宽(measure)

行宽是指一段文字的宽度。

易读性问题与行宽有关。行宽越宽,需要的行距越大。行距太小,读者阅读换行时容易串行;行距太大,读者阅读行时会感觉到文字不连续。正文中,每行 40～70 个字母为宜。

(2)对齐(alignment)

段落的对齐方式基本有 4 种:左对齐(flush left)、右对齐(flush right)、居中对齐(centered)和两端对齐(justified)。

左对齐是指设置文本内容,调整文字的水平间距,使段落或者文章中的文字沿水平方向向左对齐的一种对齐方式。左对齐使文章左侧文字具有整齐的边缘,但是文字的右边很可能不整齐。所以英文中也将左对齐叫作 ragged right,意指外形参差不齐的右边。右对齐也类同。

居中对齐是指设置文本内容,调整文字的水平间距,使段落或者文章中的文字沿水平方向向中间集中对齐的一种对齐方式。居中对齐使文章两侧文字整齐地向中间集中,使整个段落或整篇文章都是整齐的。

两端对齐是指设置文本内容两端,调整文字或单词的水平间距,使其均匀分布在左右页边距之间。两端对齐使两侧文字具有整齐的边缘。

使用两端对齐之后,两侧的对齐线会很明晰,文本块的"块"的感觉也会很明显。但是,在英文排版中,当行宽很短时,使用两端对齐可能会造成某些行中的字间距过长,某些行中的字间距过短,这样参差不齐的字间距会使整体显得十分凌乱。

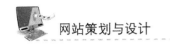
网站策划与设计

第 7 节 网页图片的使用

图片已经成为网页中不可或缺的元素,但是对大流量的网站来说,图片也可能成为页面加载的一大负担。因此,一个好的网站要求网页设计师合理地使用图片,灵活运用网页图片处理技巧和网页图片设置规则,让图片在传达信息和美化界面的同时,不会给网站的浏览速度带来影响。

一、网页图片设置规则

在网页中使用图片,先是要制作处理要用到的图片,再利用网页制作工具在需要的位置插入相应的图片,然后设置其宽度和高度,添加文字说明。在这个过程中,图像设置规则显得尤为重要。

1. 图片位置的选择与设置

通常网页图像主要有网站 Logo、网站 Banner、网站导航和各种辅助修饰图片,以及网页背景图片等。这些图像位置的选择应当利于浏览者接收信息和提高页面美感,做到既不喧宾夺主,又能够很好地传达信息。

网站页面的头部一般由 Banner 和导航栏构成,网页设计者可以在 Banner 中投放广告来吸引用户,并利用导航栏清晰地向用户展现网站的栏目结构。

网站 Logo 作为网站的标志图像,应当安排在页面最突出、最显眼的位置,而辅助说明的小图标应当紧靠相应文字。

对于大篇幅的文字内容,在适当的位置插入概括大意的图片可以帮助用户理解文章,也可以用来划分章节。

图片位置的选择不必局限于常规用法,适当地发挥创意调整位置,能够使网站更具吸引力。

2. 切图规则

对一个已经设计好的网页效果图进行切图时,主要依据两个原则:一是以色块为单位,尽量保持网页元素的相对独立;二是尽量保证切线水平对齐,从而方便页面布局。对于大面积色块相同部分,在切割时只需切割一小段,充分利用背景重复的特性,提高页面加载速度。

3. 图片尺寸的设置

在网页布局时,将切割好的图片插入相应的位置时,不应使用图片的宽和高属性来改变图片的尺寸,因为那样会使图片变形和失真。使用矢量绘图工具制作的图像适合保存为 PNG 格式,其尺寸应在设计时确定,变为位图后,不宜对其进行缩放操作。

注意:在 Fireworks 中创建的 PNG 文件包含图层等可编辑信息,其中的直线、形状和文字都属于矢量图。在网页中应用这样的图片,就必须丢掉其编辑信息,将其转化为位图,以压缩文件大小。因此,图像尺寸的调节应在输出操作之前完成。

将图片放置在网页中应当尽量保证较小的尺寸。如果图片单独出现,宽度最好在 600 px 以下;如果与文字混排,宽度最好在 300 px 左右。

4. 背景图片的设置

如果想要在某个图片上添加文字,可以将该图片设置为背景图片。除此功能外,灵活设置网页背景图片还能大大加快网页的加载速度。对于大面积相同颜色块的背景图片,可以只切割狭小的长条,然后利用背景图在水平和垂直方向上自动重复的特性设置背景图片。对于单一颜色的背景,可以利用 HTML 单元格背景属性直接设置相应的背景颜色。

在设置背景透明的图标时,只需将图片存储为 PGN 格式即可。

二、页面图像处理技巧

网页中图像的处理方法与其他领域中图像的处理方法有很大的差异,即使在同一个网页中,不同位置的图片处理技巧也大不相同。网页设计师应该根据实际需要选择合适的图像处理工具和恰当的图片格式,合理地处理网页图片的颜色和透明度。

1. 选择恰当的网页图片格式

网页图片文件的大小直接影响页面的加载速度,相同大小的图片选择不

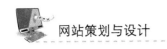

同的格式，其文件大小相差甚远。目前，网页图像格式主要有 3 种，分别是 GIF、PNG 和 JPEG。形式简单的标志和图标首选 PNG 格式；色彩丰富、质量要求高的照片则选用 JPEG 格式；对于颜色要求不多并且没有明显渐变的图片，则选用 GIF 格式。

JPEG 格式通常用于保存照片。这种格式的图片颜色十分丰富，可以保存约 1 670 万种颜色。如果图片颜色少于 256 种或者含有大片纯色，则不宜选用 JPEG 格式，否则效果不好，还会严重影响网页的加载速度。

网页中设置透明背景色通常用到 PGN 格式。这种格式相对较新，兼有 JPEG 和 GIF 的色彩模式。PNG-8 采用了 256 色以下的 Index color 色彩模式，这与 GIF 类似。PNG-24 支持 RGB 模式，存储 24 位真彩图像，品质较高。PNG-32 在 PNG-24 的基础上添加了 Alpha 通道，因此，PNG 支持网页透明背景色的设置，这在网页图像制作上非常有用。

GIF 格式的图片在网页中应用最为广泛。它支持 256 种颜色，能够容纳除了照片以外几乎所有图像。GIF 格式具有生成简单动画的功能，并且也支持网页背景颜色透明的设置。但是，GIF 图片的透明效果不如 PNG 的好。

提示：Alpha 是出现在 32 位位图文件中的一类数据，用于向图像中的像素指定透明度。一个使用 32 位位元储存的位图，每 8 位位元表示红、绿、蓝和 Alpha 通道。Alpha 通道的 8 位位元可以表示 256 种不同的透明度。

选择图像的格式应当考虑图片质量和文件大小两个因素，根据具体的应用需要和各种格式图片的特点，在保证图片质量的情况下，尽量压缩图片文件大小，从而提高页面加载速度。

2. 处理图片的颜色和透明度

如前所述，GIF 图片和 PNG 图片都支持设置透明背景，但 GIF 只有 0～1 的透明信息，也就是只有透明和不透明两种选择。因此，GIF 格式的透明背景没有层次，只是单纯地将一种或几种颜色设为完全透明，不能与它邻近的渐变色进行平滑的过渡。要创建透明 GIF，就必须将画布背景色设置成与目标效果的背景色相同。

PNG 提供了 0～255 共 256 级的透明度信息，可以使图片的透明区域出现

第6章 网站的前台设计

深度不同的层次，于是 PNG 图片覆盖在任何背景上都看不到接缝，从而改善了 GIF 图片透明度不佳的问题。

网页浏览者在访问网页时，除非采用 8 位的显示器（这种可能性比较小），否则，在创建图像时不必考虑浏览器的安全色。颜色的数量是决定图像效果的重要因素，渐变色往往会产生大量的颜色数，图片保存成 GIF 格式就会失真，文件大小反而会大幅度增加。这时应该使用颜色丰富的 PNG-24、PNG-32 或 JPEG 格式。

第 8 节　使用 Photoshop 设计网页

前面介绍了图片处理的 4 种常用软件工具，本节选择网页设计中最为常用的 Photoshop 软件，具体介绍网站页面设计的基本过程和常用技巧。

一、使用 Photoshop 设计网页的基本步骤

在进行页面设计时，不管使用什么工具，都应当首先对页面进行整体规划，然后再细化制作，最后切图输出。

1. 页面规划

一般情况下，页面规划需要完成两个任务：一是划分页面结构；二是安排内容元素。本实例从整体出发，将页面分成头、中、底 3 个部分。

① 将页面头部划分为上下结构，并规划其宽度和高度。页面头部可安排网站 Logo、网站导航栏目等能够体现网站信息和结构的元素。

② 页面中间部分可首先分成左宽右窄的两栏结构，然后根据实际情况划分成不同的板块，预留出各版块的位置，待页面完善时进行填充细化。

③ 版权信息、联系地址、联系邮箱及联系电话等通常置于页面的最底部。

④ 初步完成整体布局和规划后，需要细化各个板块，使页面成形。

2. 页面制作和完善

① 使用 Photoshop 对页面元素进行制作时，可以考虑首先制作网站 Logo。

结合网站的主题，设计者可以发挥想象力，设计出极富吸引力的网站 Logo。科士德嵌入式学院培训学校网站的 Logo 如图 6.16 所示，通过字形变换，配合小地球图标，既简单，又意义明确，体现嵌入式领域的概念。

图 6.16　网站 Logo

② 导航按钮的设计应该提前考虑好网页实际运行效果，如当鼠标滑过导航按钮时改变样式，这时就应当设计两种按钮样式供切图时选择，如图 6.17 所示。

图 6.17　导航效果

③ 确定好网页 Logo、导航栏目和版块表头样式后，接下来就应当填充内容了。需要注意的是，如果只使用文字内容填充，会使版块呆板，这时不妨使用修饰图标辅助网页信息的传达。

3．切图和输出

① 在 Photoshop 中切图使用的是"切片工具"和"切片选择工具"，如图 6.18 所示。"切片工具"用来切割图片，"切片选择工具"用来调整切片大小。

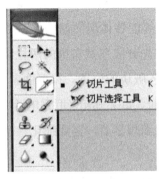

图 6.18　切片工具和切片选择工具

② 效果图中有些内容在切图中是不需要的,例如大部分的文字、重复的背景图片等,于是在切图时只需切出需要的图片就可以了。首先选出效果图中哪些部分是需要的,哪些部分是在后续网页设计中添加的,确定出切割区域。

③ 注意,在切割时,如果切出的矩形切片与想要的效果有些偏差,可以用"切片选择工具"进行细微调整。

④ 不管是链接还是内容,在网页设计时,字体的样式都尽量使用 CSS 样式来控制,以方便后期的维护或改版。但是有的地方要用到不常用的字体,为了让浏览者看到设计者的原意,就要把文字制作成图片,这类文字要适当使用,因为这对搜索引擎不友好。因此,在切片输出之前,设计者最好将页面的文字图层隐藏。

⑤ 将切片输出。选择"文件"→"存储为 Web 所用格式"。

⑥ 根据各个切片的位置、大小及色彩特点选择合适的图片格式,单击"存储",选择"保存类型"为"HTML 和图像",并设置"切片"为"所有切片"。最后单击"保存"按钮,便完成了切图和输出操作。

二、使用 Photoshop 设计网页常用技巧

Photoshop 是一款功能极其强大的软件,但限于篇幅,这里只对 Photoshop 最为常用的功能和技巧做简单介绍。

1. 图层和组的使用技巧

利用 Photoshop 工具设计网页时,图层面板里的图层往往很多,少则几十层,多则上百层。如果不采取一定的方法分开图层,则图层管理和修改就会十分混乱,也不利于多人合作。利用 Photoshop 提供的成组功能,可以让项目结构清晰,如图 6.19 所示。

2. 图像修改工具

有时使用现成图片设计网页时,需要去掉图片中的多余信息,如不必要的文字、按钮,或者链接信息。如图 6.20 所示,Photoshop 提供了"修补工具""橡皮擦工具"和"仿制图章工具"等来修改图片。

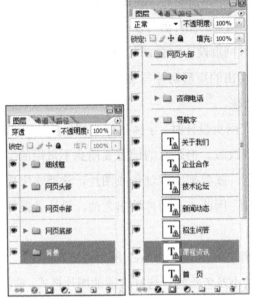

图 6.19　使用组管理图层

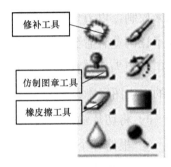

图 6.20　图像修改工具

3. 网页抠图技巧

用 Photoshop 抠图的方法有很多种，最常见的就是利用"套索工具""魔棒工具"和"选框工具"直接抠图，如图 6.21 所示。然而，"选框工具"不能直接抠取不规则的图形，"套索工具"和"魔棒工具"抠取边缘颜色接近的图形的效果也不理想。此时可以用"钢笔工具"的贝塞尔曲线沿着图片边缘勾勒轮廓线，最后将绘制好的轮廓线路径转化为选区，从而抠取所需的图片部分。

4. 色彩调整技巧

色彩在设计中的重要性不言而喻，理解和运用好 Photoshop 的色彩调整功能，将会帮助你在色彩的世界里做到游刃有余。使用 Photoshop 调节色彩主要包括 3 方面：色阶调整、亮度/对比度调整和色彩平衡调整。

（1）色阶调整

色阶图根据图像中每个亮度值（0～255）处的像素点的多少进行区分。如图 6.22 所示，最右面的白色三角滑块控制图像的深色部分，左边的黑色三角滑块控制图像的浅色部分，中间那个灰色三角滑块则控制图像的中间色。

第 6 章　网站的前台设计

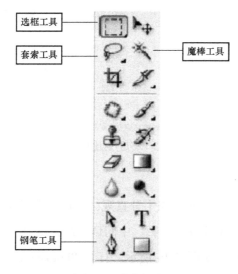

图 6.21　抠图工具

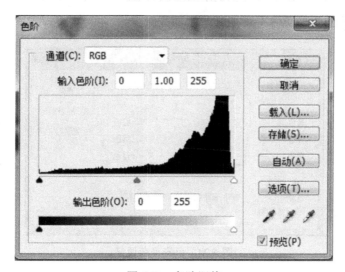

图 6.22　色阶调整

（2）亮度/对比度调整

当素材图片的对比度不够明显，或者与环境对比度差异较大时，就需要调节图片的亮度和对比度，如图 6.23 所示。打开 Photoshop 的"亮度/对比度"对话框，拖动亮度滑块或者输入具体数值，就可以调节图像明暗。用同样方法调节图片对比度，使之适应周围环境。

113

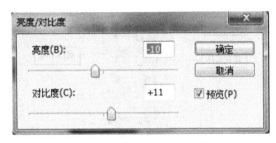

图 6.23　亮度/对比度调整

（3）色彩平衡调整

色彩平衡调整工具操作起来十分直观。它的调节功能不是很多，在色调平衡选项中将图像笼统地分为阴影、中间调和高光 3 个色调，每个色调可以进行独立的色彩调整，如图 6.24 所示。打开 Photoshop 的"色彩平衡"对话框，用 3 个色彩平衡滑块可以调节 3 对反转色：红和青，绿和洋红，蓝和黄。属于反转色的两种颜色不可能同时增加或减少。

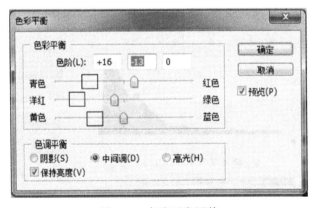

图 6.24　色彩平衡调整

5. 图层样式和滤镜

网页上很多效果都可以借助图层样式轻松地实现，如图 6.25 所示。"图层样式"常用的设置选项主要包括"斜面和浮雕""光泽""混合选项""投影""内阴影""外发光""描边"及"内发光"等。只要灵活地调节各项参数，就可以制作出网页上常见的图片效果，如水晶按钮、装饰图标和各种文字效果等。

第 6 章　网站的前台设计

提示：Photoshop 的滤镜功能主要用来实现图像的各种特殊效果。它在网页设计中具有非常神奇的作用。设计者在使用滤镜进行网页设计时，除了具备平常的美术功底外，还需要熟练地掌握和控制滤镜，甚至还需要有很丰富的想象力，这样才能有的放矢地应用滤镜，取得最佳的艺术效果。

Photoshop 的滤镜效果主要包括艺术效果、模糊、画笔描边、扭曲、杂色、像素化、渲染、锐化效果、素描、风格化、纹理、视频等。除了软件本身提供的滤镜效果外，还有许多第三方的软件开发商生产的外挂滤镜效果。在使用时，只需将这些滤镜放在"增效工具"文件夹中即可。

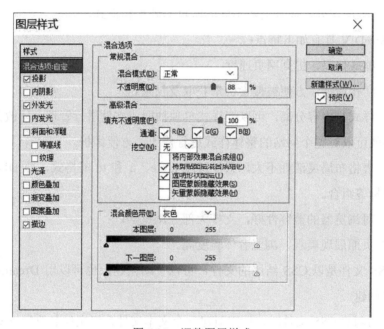

图 6.25　调整图层样式

第 9 节　使用 CSS+DIV 样式布局网页

前面已经对 CSS 和 DIV 进行了介绍。在现在的网站开发中，大到各大门户网站，小到不计其数的个人网站，在 CSS+ DIV 标准化的影响下，网页设计

人员已经把它作为行业标准。

一、认识并创建 CSS 样式表

DIV 是 Division 的简称,意思是分段。如果单独使用 DIV 而不加任何 CSS,那么它在网页中的效果和使用<P>是一样的。

CSS 是 Cascading Style Sheets 的简称,意思是层叠样式表单。在页面制作时采用 CSS 技术,可以有效地对页面的布局、字体、颜色、背景和其他效果实现更加精确的控制。只要对相应的代码做一些简单的修改,就可以改变同一页面的不同部分,或者页数不同的网页的外观和格式。

CSS+DIV 具有如下特点:

① 缩减代码,提高网页速度。

② 结构清晰,方便被搜索引擎获取及收录。

③ 样式与内容分离,可以把样式单独抽取成文件进行管理。修改几个样式文件就可以对整个网站的整体样式进行修改,方便维护。

④ 表格布局灵活性不大,只能遵循 table、tr 和 td 的格式,而 DIV 可以和多种标签组合。

⑤ 对浏览器的兼容性好,支持大部分浏览器。

⑥ 页面展现美观,浏览者体验度高。

CSS 文件是以.CSS 结尾的文件,可以手动创建,也可以用 Dreamweaver 软件来创建。

手动创建 CSS 文件时,只需新建一个文本文件,将文件名改为以.CSS 结尾就可以编辑了。用 Dreamweaver 工具创建时,选择菜单"文件"→"新建"→"CSS"命令,如图 6.26 所示,打开"新建文档"对话框。在对话框中"示例文件夹"列表中选择"CSS 样式表"选项,在"CSS 样式表"列表中显示了一些 Dreamweaver CS5 中自带的 CSS 样式表格式,如图 6.27 所示。选择第 4 项,单击"创建"按钮,打开 CSS 样式编辑窗口,默认样式代码创建完成,如图 6.28 所示。

第 6 章　网站的前台设计

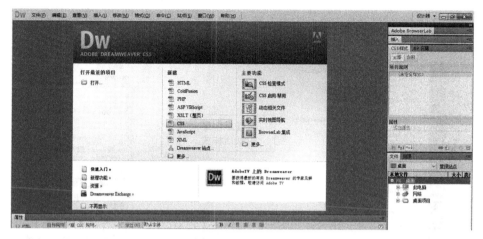

图 6.26　新建 CSS

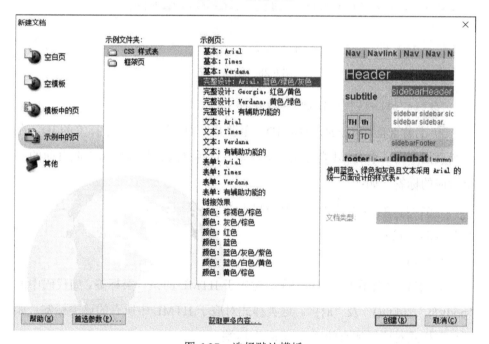

图 6.27　选择默认模板

在创建好的默认样式中，有很多大括号括起来的部分，这些部分就是样式代码。括号外面的就是此段样式的名称。常见的命名方式有以下几种：

① 名称前面带点（.）的，对应 class。在页面标签中都可调用，如上述代码中的标题。调用时，在标签属性中加入"class="title""即可。如：

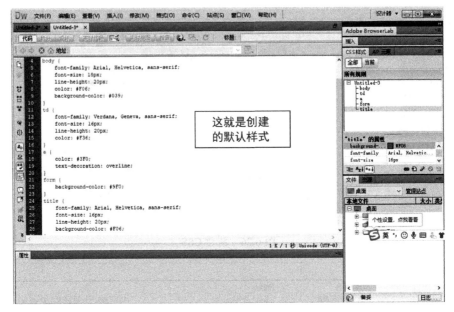

图 6.28　创建完成

```
<title class="titlel"> </title>
```

② 名称前面带#号的，对应ID。主要是针对页面中某一个标签的ID。在一个页面中，一个ID只能对应一个标签。这种样式也只能应用于此页面的一个对应的标签。如：

```
<input id="testl"type="text"/>
```

其对应的样式为：

```
#testl{}
```

③ 名称前面不加任何符号的，对应于HTML的某一类标签。如代码中的"body{}""td,th()"及"a{}"。这类样式对应于HTML中所有的该类标签。如"a{}"样式对应于所有的"<a></a>"标签。

二、设置并应用 CSS 样式表

对于CSS的设置和调用，可以通过以下3种方式进行。

1. <link>调用的方式

创建外部样式文件（.css），然后在页面中使用<link>调用。这种方式可以

在多个页面中采用同一套样式。示例代码如下:

```
<head>
<title>文档标题 </title>
<link rel=stylesheet href="demo.css" type="text/css">
</head>
```

2. 在页面头部创建<style>的方式

在页面的头部直接创建样式。这种方式需要在页面头部的<style>标签里创建,并且仅对本文档有效。示例代码如下:

```
<head>
<title>文档标题</title>
<style type="text/css">
<!—
body{font: 10pt "Arial"}
hl{font: 16pt "Arial"; font-weight: bold; color: maroon}
.name{font: 14pt "Arial"; font-weight: bold; color: blue}
</style>
</head>
```

3. 在标签元素里设置<style>的方式

在页面各个标签元素里设置样式,在标签里使用 style 属性。

示例代码如下:

```
<input type="text" style="color: green; font-family: Times New Roman">
<span style="color: green; font-family: Times New Roman">测试数据</span>
```

三、使用 CSS 样式表美化网页

网站开发到一定阶段,设计人员会发现,每个页面都会有很多的样式,这时如何进行有效的管理成了一个不可忽视的关键问题。

对于大型网站,如果对 CSS 文件进行有效的管理,会大大提高开发效率,

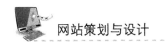

降低维护成本。

因此,在创建项目时必须具有前瞻性,考虑到整个项目结构和可能用到 CSS 的地方,从而确定创建几个 CSS 文件,以及它们之间的关系。如创建一个全局样式 common.css,属于基本公用样式,主要用于统一整个网站的风格。

这样,如果想更换整个网站的背景色,只需修改基本公用样式文件 common.css 中控制全局背景的样式即可。

当然,对于不同的网站,应该根据其特点进行特色管理,目的是提高效率、方便管理,不至于出现样式混乱的局面。

下面介绍如何用 CSS 来美化网页。

1. 创建页面

首先必须创建一个页面,其基本代码如下:

```
<!DOCTYPE html PUBLIC"-//W3C//DTD XHTML 1.0 Transitional//EN""http://www
w3.org/TR/xhtml1/DTD/xhtml1-transitional.dtd">
<html>
<head>
<meta http-equiv="Content-Type" content="text/html; charset=utf-8" />
<title>无标题文档</title>
</head>
<body>
<div>
<h1>我的标题</h1>
<div>这是我的网页!</div>
<div>我的地盘我做主!<div>
</div>
</body>
</html>
```

上述代码创建了一个简单的 HTML 页面,创建的 3 个 DIV 块分别为"我的标题""这是我的网页!"和"我的地盘我做主!"。未加入任何样式,页面效果如图 6.29 所示。接下来要为这个页面加入样式。

第 6 章 网站的前台设计

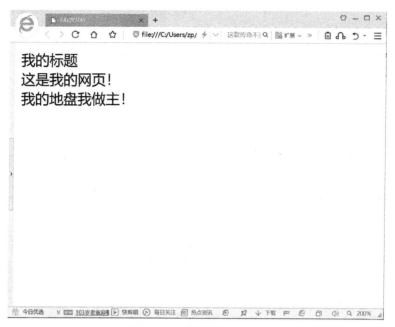

图 6.29 未加样式的页面

2. 增加样式

在<head>部分加入如下样式：

```
<style type="text/css">
*{margin: 0; padding: 0; list-style: none; text-align: center;}
html{height: 100%; overflow: hidden; background: #fff;}
body{height: 100%; overflow: hidden; background: #fff;}
div{background: #CCCCCC; line-height: 1.5; color: red; font-size:50px;}
.top{position: absolute; left: 10px; top: 10px; right: 10px; height: 50px;}
.left{position: absolute; left: 10px; top: 70px; bottom: 70px; width: 200px; overflow: auto; }
.right{position: absolute; left:220px; top: 70px; bottom: 70px; right: 10px; overflow: auto;}
html{_ padding: 70px 10px;}
```

```
.top{height: 50px; margin-top: 60px; margin-bottom:10px; }
position: relative; top: 0; right:0; bottom: 0; left: 0;
.left{height: 100%; float: left; width: 200px; position: relative;
top: 0; right: 0; bottom: 0; left: 0;}
.right{height: 100%; margin-left: 207px; position: relative; top: 0;
right: 0; bottom: 0; left: 0;}
</style>
```

页面效果如图 6.30 所示。

图 6.30 加入效果之后的页面

3. 需要注意的问题

下面对上述样式进行说明。

① *{}对所有的标签生效。

② html{}等以标签名命名的声明方式是对页面中所有该标签都做的统一样式设置；名称前面带点的声明方式，在页面调用时的格式是：class="name"。另外一种声明方式#name{}，是对页面中 id="name"的对象设置的样式。

③ 覆盖原则：采用就近覆盖原则。如上述代码中 div{}里设置了"font-size:50 px;"，页面里"这是我的网页！"和"我的地盘我做主！"的字体大小都是 50 px，而"我的标题"没有变化，这是因为"我的标题"外面的<h1>标

第 6 章　网站的前台设计

签对 DIV 中的设置进行了覆盖。

④ CSS hack：针对不同的浏览器写不同的 CSS code 的过程，叫作 CSS hack。如上述代码中出现的_padding:70 px 10 px，其中，前面的下划线"_"就是一种针对 IE6 的样式。比如，IE6 能识别下划线"_"和星号"*"，IE7 能识别星号"*"，但不能识别下划线"_"，而 firefox 两个都不能认识，但能识别"！important"。

⑤ psition: absolute：意思就是绝对定位。激活对象的绝对（absolute）定位，必须指定 left、right、top、bottom 属性中的至少一个。只有当设定了 position 属性，trbl 属性（top、right、bottom、left）才有效。

本小节通过一个例子说明了如何设置样式及一些经常遇到的问题。关于如何应用样式中众多的属性，可参考 CSS 样式文档。设计者只有反复地练习，才能熟练运用，从而设计出自己想要的任何页面样式。

第 7 章

网站的后台设计

进行网站开发时，首先需要对所做的项目进行需求调查，在了解所做项目的性质、要求之后，就可以考虑后台设计了。后台设计主要包括网站开发技术、数据库、操作系统的选择和使用等。

第 1 节 网站开发技术的选择

当今的网络中，网站一般都是通过 3 种技术开发的：ASP、PHP 和 JSP。这里只能称它们为技术，而不能叫语言，因为每个技术都是结合了很多种前台、后台技术组合而成的。通过彼此技术优势、劣势上的弥补结合，才能实现完整的网站功能。

一、主流网站开发技术介绍

1. ASP

ASP（Active Server Pages）是微软开发的一种类似 HTML（超文本标识语言）、Script（脚本）与 CGI（公用网关接口）的结合体，它没有提供自己专门的编程语言，而是允许用户使用许多已有的脚本语言编写 ASP 的应用程序。其语法和 Visual Basic 类似，可以像 SSI（Server Side Include）那样把后台脚本代码内嵌到 HTML 页面中。

ASP 的程序编制比 HTML 更方便且更富有灵活性。它在 Web 服务器端运行，运行后再将运行结果以 HTML 格式传送至客户端的浏览器。在执行时，由 IIS 调用程序引擎，解释执行嵌在 HTML 中的 ASP 代码，最终将结果和原来的 HTML 一同送往客户端。

ASP 的运行机制如图 7.1 所示。

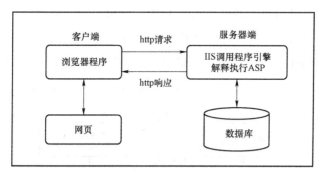

图 7.1　ASP 的运行机制

ASP 的最大好处是可以包含 HTML 标签，也可以直接存取数据库及使用可无限扩充的 ActiveX 控件，因此，在程序编制上要比 HTML 方便，并且更富有灵活性。通过使用 ASP 的组件和对象技术，用户可以直接使用 ActiveX 控件调用对象方法和属性，以简单的方式实现强大的交互功能。

虽然 ASP 简单易用，但是它自身存在许多缺陷，最重要的就是安全性问题。目前在微软的.NET 战略中新推出的 ASP.NET 借鉴了 Java 技术的优点，使用 C#语言作为 ASP.NET 的推荐语言，同时改进了以前 ASP 的安全性差等缺点。但是，使用 ASP/ASP.NET 仍有一定的局限性，因为从某种角度来说它们只能在微软的 Windows NT/2000/XP＋IIS 的服务器平台上良好地运行。虽然 ChilliSoft 提供了在 UNIX/Linux 上运行 ASP 的解决方案，但是目前 ASP 在 UNIX/Linux 上的应用可以说几乎为零。所以平台的局限性和 ASP 自身的安全性限制了 ASP 的广泛应用。

2．PHP

PHP（Hypertext Preprocessor）是一种 HTML 内嵌式的语言。其独特的语法混合了 C、Java、Perl 及 PHP 式的新语法，它可以比 CGI 或者 Perl 更快速地执行动态网页。

PHP 的源代码完全公开。新的函数库不断加入及不停地更新，使得 PHP 无论是在 UNIX 还是在 Win32 的平台上都可以有更多新的功能。它提供丰富的函数，使得在程式设计方面有更好的资源。

平台无关性是 PHP 的最大优点。如果在 PHP 中不使用 ODBC，而用其自带的数据库函数来连接数据库，那么会因为使用不同的数据库，PHP 的函数名不能统一。这使得程序的移植变得有些麻烦。作为目前应用最为广泛的一种后台语言，PHP 仍然有异常明显的优点。其运行机制如图 7.2 所示。

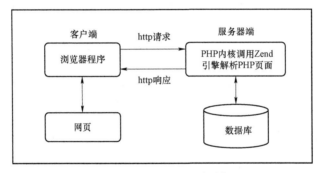

图 7.2　PHP 的运行机制

3. JSP

JSP（Java Server Pages）是 Sun 公司为了扩展 J2EE 项目中的页面表现而研制的技术。JSP 是从 Servlet 扩展而来的，它们都是 Sun 公司的 J2EE（Java 2 Platform Enterprise Edition）应用体系中的一部分。不同于 ASP 和 PHP，JSP 的脚本语言是 Java，实际上 Servlet 就是完善的 Servlet API 支持下的 Java 文件。

提示：Servlet 是使用 Java Servlet 应用程序设计接口（API）及相关类和方法的 Java 程序。在服务器端用于响应用户请求，将执行结果绘出页面，通过输出 HTML 返回到客户端。

在耗费资源方面，Servlet 具有自己独特的优势，更加节省资源。它在响应第一个请求时被载入，一旦被载入，便处于已执行状态。对于以后其他用户的请求，它并不打开进程，而是打开一个线程（Thread），将结果发送给客户。由于线程与线程之间可以通过生成自己的父线程（Parent Thread）来实现资源共享，这样就减轻了服务器的负担。所以，Java Servlet 有效地节省了服务器的资源，可以用来做大规模的应用服务。然而它在输出 HTML 语句时还是采用了老的 CGI 方式：逐句输出。所以，编写和修改 HTML 非常不方便。

JSP 具有自己的标签，同时，完全兼容 HTML 标签。在页面中可以加入 Java 脚本，通过在页面中编写 Java 脚本可实现一些业务逻辑。但是并不推荐在页面中写入过多的逻辑。这就是 JSP 项目不同于前两种技术的一个很重要的特征。

最简单的分层是：JSP+JavaBean。JavaBean 就是后台的 Java 程序，主要负责业务逻辑及响应用户请求；JSP 即前台表现页面。这样把表现层和业务层分隔，可以优化系统结构，便于后期维护和升级。稍微复杂一点的结构还有 MVC 模式，即模型+视图+控制 3 个层次。再大一点的项目分层会更加复杂。

虽然在形式上 JSP 和 ASP 或 PHP 看上去很相似，都可以被内嵌在 HTML 代码中，但是它的执行方式和 ASP 或 PHP 完全不同。在 JSP 被执行时，JSP 文件被 JSP 解释器（JSP Parser）转换成 Servlet 代码，然后 Servlet 代码被 Java 编译器编译成.class 字节文件，这样就由生成的 Servlet 来对客户端进行应答。

由于 JSP 是基于 Java 的，所以它还有个很好的特点：平台无关性，也就是"一次编写，随处运行（Write Once Run Anywhere，WORA）"。除了这个优点，JSP 的效率及安全性也都相当高。因此，JSP 是目前做大型项目的首选技术。

4. 其他脚本

上面说到的 ASP、PHP 和 JSP 都是后台技术。在前台页面中，还需要了解 CSS 样式、JavaScript、VBScript、Flash 等。CSS 主要用于展现样式，JavaScript 和 VBScript 主要用于简单地响应客户端的动作，Flash 用于展现客户端的特效。需要注意的是，JavaScript 和 Java 并没有任何关系，当初之所以叫这个名字，主要是出于营销方面的考虑。当时由于 Java 在 Web 技术上的强大，掀起了一股 Java 开发的热潮。为了更好地推广 JavaScript，Netscape 公司就借用了 Java 的名字作为脚本名字的一部分。

事实上，JavaScript 确实是很优秀的脚本语言，和 Java 配合使用时效果也

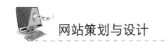

很好。随着前台技术的发展,JavaScript越来越受开发者重视,其应用也越来越广。流行了很多年的AJAX技术,就以JavaScript作为其编程语言。

提示:AJAX不是一种单一的技术,而是有机地利用了一系列相关的技术:

① 基于Web标准(Standards-based Presentation)XHTML+CSS的表示功能;

② 使用DOM(Document Object Model)进行动态显示及交互;

③ 使用XML和XSLT进行数据交换及相关操作;

④ 使用XMLHttpRequest进行异步数据查询、检索;

⑤ 使用JavaScript将所有的东西绑定在一起。

AJAX的最大优点就是能在不更新整个页面的前提下维护数据,这使得Web应用程序能更加迅捷地回应用户动作,并能避免在网络上发送那些没有改变过的信息。

二、主流网站开发技术的对比

在比较之前,分别简要介绍一下ASP、PHP和JSP技术的一些特点。

1. ASP的特点

① 结合HTML标签,编写简单,可实现快速开发。

② 无须编译,可在服务器端直接执行。

③ 与浏览器无关,客户端只要使用可执行HTML码的浏览器,即可浏览ASP所设计的网页内容。

④ ASP能与任何ActiveX Scripting语言兼容。除了可使用VBScript或JavaScript语言来设计外,还可通过plug-in的方式,使用由第三方提供的其他脚本语言,如REXX、Perl、Tcl等。脚本引擎是处理脚本程序的COM(Component Object Model)对象。

⑤ ActiveX Server Components(ActiveX服务器组件)具有无限可扩充性。可以使用Visual Basic、Java、Visual C++、COBOL等程序设计语言来编写所需要的ActiveX Server Component。

2. PHP 的特点

① 结合 HTML 标签，编写简单，可实现快速开发。

② PHP 共有 3 个模块：内核、Zend 引擎及扩展层。内核用来处理请求、文件流、错误处理等相关操作；Zend 引擎（ZE）用于将源文件转换成机器语言，然后在虚拟机上运行；扩展层是一组函数、类库和流，PHP 使用它们来执行一些特定的操作。

③ PHP 与 MySQL 组合使用十分方便。

④ PHP 提供的数据库接口支持彼此不统一，比如对 Oracle、MySQL、Sybase 的接口都不一样。

3. JSP 的特点

① 结合 HTML 标签，同时有自己的标签库。由于需要很多的配置文件，并且层次很多，其编写技术最为复杂。

② 客户端提交的请求到服务器端响应，需要服务器端 Java 虚拟机的解释执行。将 JSP 页面转换成 Servlet 代码，然后 Servlet 代码被 Java 编译器编译成.class 字节文件，由生成的 Servlet 来对客户端进行应答。

③ 显示层和业务层分离。JSP 页面用于显示样式，JavaBean 用于编写业务逻辑，包括通过 JDBC 技术进行数据库连接，这样便于开发人员维护代码及版本升级。同时，也很好地保护了作者的代码。

④ 可重用性强。由于 JSP 属于 J2EE 体系 Java 编程的范畴，更强调面向对象性，因此编写好的成型的组件（实现某一特定功能的 Java 文件）可用于项目的多个地方，方便管理。

⑤ 标签库可扩展。开发人员和其他人员可以为常用功能建立自己的标识库，这使得 Web 页面开发人员能够使用熟悉的工具和如同标识一样的执行特定功能的构件来工作。JSP 技术很容易整合到多种应用体系结构中，以利用现存的工具和技巧，并且能够扩展到支持企业级的分布式应用。作为采用 Java 技术家族的一部分，以及 J2EE 的一个成员，JSP 技术能够支持高度复杂的基于 Web 的应用。

⑥ 可移植性。JSP 拥有 Java 程序设计语言"一次编写，随处运行"的特

点，可以很方便地在 Linux、UNIX 及 Windows 等平台上移植。

⑦ 具有很强的安全性。

⑧ 具有很多成熟的架构支持，如 Struts、Hibernate、Spring、EJB 3.0 等框架。

4. 3 种技术对比

下面从几个特性方面对这 3 种技术进行比较。

① 反应速度。在操作数据库方面，JSP 最快，其次是 PHP，最后是 ASP。

② 移植性。JSP 和 PHP 都具有很好的移植性，可以在 Windows、Linux、UNIX 等多个平台上移植，而 ASP 只能用在 Windows 系统上。

③ 数据库访问。Java 通过 JDBC 来访问数据库，通过不同的数据库厂商提供的数据库驱动方便地访问数据库，但访问数据库的接口比较统一；PHP 对于不同的数据库采用不同的数据库访问接口，所以数据库访问代码的通用性不强；ASP 通过 ODBC 连接数据库，由数据库访问组件 ADO（ActiveX Data Objects）完成数据库操作。

④ 安全性。由于 JSP 的策略是页面和后台分离，访问者不会看到后台逻辑，安全性最强。而 PHP 和 ASP 都是将脚本嵌在页面中，安全性比较弱。

⑤ 分布式多层架构。PHP 和 ASP 可实现简单的两层或三层架构，而 JSP 在这方面比较强大，可根据实际业务实现多层次，并且还有很多成熟的框架，如 Spring 框架。

⑥ 开发成本。JSP 由于比较复杂，开发起来成本高。ASP 和 PHP 的开发速度快，简单易学，开发成本低。

⑦ 适用项目。JSP 适用于开发大型的项目，PHP 和 ASP 适用于开发中小型项目。

⑧ 在运行开销、扩展性、函数支持、厂商支持、对 XML 的支持等方面，JSP 都是比 PHP 和 ASP 优秀的技术。Microsoft 为了对抗 Sun 的 J2EE（由 Java、Servlet、JSP 及一系列的支持组件支持的 Web 开发框架），开发了 ASP.NET（C#）技术。ASP.NET 是一个已编译的、基于.NET 的环境，把基于通用语言的程序在服务器上运行，将程序在服务器端首次运行时进行编译，在速度上

比 ASP 即时解释程序快很多。JSP 可以用任何与.NET 兼容的语言（包括 Visual Basic.NET、C#和 JScript.NET）创作应用程序。

ASP.NET 的核心语言是 C#，C#是一种类似于 Java 的语言，包括面向对象、继承、可重用等，被称作在现在的 Web 项目中可以和 Java 相匹敌的语言。但是，ASP.NET 依然继承了 ASP 只能以 IIS 为服务器、运行在 Windows 系统上的缺点，虽然有自己的兼容其他平台的组件，但是移植起来相当麻烦。

三、综合考虑选择合适的开发语言

在考虑选择哪种开发语言时，需要了解所开发项目的性质、大小、资金等问题。如果只是一个用于展示信息的小网站，ASP 或 PHP 完全可以满足需要，并且开发成本比较低。如果开发大型项目，如财务系统、电信系统，基于 JSP 技术的 J2EE 框架几乎成为唯一选择。

另外，在项目开发初期还需要考虑日后的升级问题。比如 eBay 在 2002 年的时候就在 Sun 技术团队的帮助下，将整个应用架构从 C++迁移到 J2EE，也就是 eBay 内部所说的 V3 版本；2004 年年底淘宝网也从 PHP 向 Java 转移。如果初期考虑好日后扩展，选择好语言，设计好结构，扩展起来就会更容易。

第 2 节　数据库的选择

当前市场上存在大量的数据库，这些数据库有些是免费的，而有些是收费的。这些数据库都有优缺点，本节对一些常用的数据库进行介绍，并分析它们的优缺点。

一、主流网络数据库

1. Oracle

Oracle Server 是一个适用于大型、中型和微型计算机的对象——关系数据

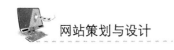

库管理系统。它使用 SQL（Structured Query Language）作为数据库语言，提供开放、全面和集成的信息管理方法。

Oracle 在数据库领域一直处于领先地位。目前，Oracle 产品覆盖了大、中、小等几十种机型，Oracle 数据库已成为世界上应用最广泛的关系数据库系统之一。

Oracle 数据库主要有以下特点。

① 能在所有主流平台上运行（包括 Windows）；完全支持所有的工业标准；采用完全开放策略，可以使客户选择最适合的解决方案；对开发商全力支持。

② 安全性高。获得最高认证级别的 ISO 标准安全认证。

③ 性能方面达到世界顶级水平。

④ 接口有多种方式。可以用 ODBC、JDBC 及 OCI 等多种应用程序接口连接。

⑤ 操作较复杂。同时提供图形用户界面和命令行，在 Windows NT 和 UNIX 下的操作相同。

⑥ 成熟的数据库。有较长时间的开发经验，完全向下兼容，得到广泛的应用，风险小。

2. SQL Server

SQL Server 是一个关系数据库管理系统，是一种组织、管理和检索计算机数据存储的工具，应用范围广泛。

目前市场上用得最多的版本是 SQL Server 2005，其次是 SQL Server 2000，SQL Server 2008 是其最新版本，成为迄今为止最强大和最全面的 SQL Server 版本。SQL Server 2008 在安全性、高效性和智能性方面都有了大幅度的提高，对早期的版本出现的问题进行了更深层次的修复和改善，逐渐成为主流的 SQL Server 版本。

SQL Server 数据库主要有以下特点。

① 操作简单。包含一整套的管理和开发工具，企业管理器就是其中的图形化集成管理工具，用户不用记住各种命令和 SQL 语句就可以完成各种常规

操作。

② 以 Client/Server 为设计结构。Client/Server 结构将任务合理地分配到服务器与客户端，缓解了网络拥挤，提高了整体性能。

③ 支持企业级的应用程序。具备完善、强大的数据处理功能，充分保护数据完整性。

④ 提供数据仓库支持。

⑤ 不支持多种平台。只可以部署到 Windows 系统上，可以和 Windows 系统进行无缝结合，不支持其他平台。可移植性不好。

3. MySQL

MySQL 是一个小型关系型数据库管理系统，目前 MySQL 被广泛应用在互联网上的中小型网站中。由于其体积小、速度快，总体拥有成本低，尤其是开放源码这一特点，许多中小型网站为了降低网站总体拥有成本而选择 MySQL 作为网站数据库。

与其他的大型数据库（例如 Oracle、SQL Server 等）相比，MySQL 有它的不足之处，如规模小、功能有限，MySQL Cluster 的功能和效率都相对比较差，但是这丝毫没有降低它受欢迎的程度。对于一般的个人使用者和中小型企业来说，MySQL 提供的功能已经绰绰有余，并且由于 MySQL 是开放源码软件，因此可以大大降低总体拥有成本。

目前互联网上流行的网站架构方式是 LAMP（Linux＋Apache＋MySQL＋PHP），即使用 Linux 作为操作系统，Apache 作为 Web 服务器，MySQL 作为数据库，PHP 作为服务器端脚本解释器。由于这 4 个软件都是自由或开放源码软件，因此使用这种方式不需要资金就可以建立起一个稳定、免费的网站系统。

MySQL 数据库主要有以下特点。

① 开源的数据库 Server。

② 能在所有主流平台上运行（包括 Windows）。

③ 体积小，响应速度特别快，主要面向中小企业。

④ 不适合海量数据库。

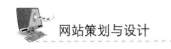

⑤ 真正的多用户多任务的数据库系统，占用系统资源很少，但功能很强大。

除了上面 3 个比较常见的数据库，还有 PostgreSQL，据说它是"世界上最先进的开源数据库"，可以运行在多种平台下，是 TB 级数据库，性能也很好。

提示：TB 级数据库是指数据库整体容量的大小是以 TB 为单位的。1TB 等于 1 024 GB。

二、结合需求选择合适的数据库

在实际操作中，选择什么样的数据库需要根据实际需要而定。比如，对于一般的中小网站，数据的存储量不是特别大，再加上经济方面的考虑，需要节省网站建设的开支，就可以选择轻量级的开源数据库 MySQL，在数据库的花销上只需要一些维护成本就可以了。

如果是银行系统、电信系统等需要海量存储的网站，并且需要很高的安全性，对数据库的要求就会很高。这时 MySQL 就显得力不从心，必须选择 Oracle 这样的重量级的商业数据库。

如果从可移植性方面考虑，比如，需要从 Windows 系统移到 Linux 系统，就不能选择移植性不好的 SQL Server 数据库，这时就需要选择 Oracle、MySQL 这样的移植性好的数据库。

总之，数据库是一个项目的灵魂，选择一个合适的数据库很重要。

第 3 节　操作系统和 Web 服务器的选择

在选择数据库和开发语言时，还需要考虑采用什么样的 Web 服务器。Web 服务器的工作就是将客户端发来的请求，通过内部机制转给对应的处理业务的程序，再将处理结果返回给客户端。

网络操作系统是承载 Web 服务器的平台，是向网络计算机提供服务的特

第 7 章 网站的后台设计

殊的操作系统。它在计算机操作系统下工作，使计算机操作系统增加了网络操作所需要的能力。

一、网络操作系统介绍

目前常用的网络操作系统有 Windows 系统和 Linux 系统。下面就对这两种系统分别进行介绍。

1. Windows 系统

它由 Microsoft 研发。Windows 系列的操作系统目前有三个版本：Windows NT 4.0 Server、Windows 2000 Server 及 Windows 2003 Server。Windows 系列的操作系统的配置在整个局域网配置中是最常见的，但由于它对服务器的硬件要求较高，且稳定性能不是很高，所以微软的网络操作系统一般只是用在中低档服务器中，高端服务器通常采用 UNIX、Linux 或 Solaris 等非 Windows 操作系统。

2. Linux 系统

Linux 操作系统属于自由软件体系。开放源代码，完全免费。最初只是技术人员为追求技术而开发出来的产物。严格来讲，Linux 这个词本身只表示 Linux 内核。但实际上人们已经习惯用 Linux 来形容整个基于 Linux 内核，并且使用 GNU 工程各种工具和数据库的操作系统（也被称为 GNU/Linux）。基于这些组件的 Linux 软件被称为 Linux 系统。

基于 Linux 开放源码的特性，越来越多大中型企业及政府投入更多的资源来开发 Linux。现今世界上，很多国家逐渐把政府机构内部的电脑操作系统转移到 Linux 上，这个情况还会一直持续下去。Linux 的广泛使用为政府机构节省了不少经费，也降低了对封闭源码软件潜在的安全性的忧虑。

Linux 作为较早的源代码开放操作系统，将引领未来软件发展的方向。

提示：GNU，又称革奴计划，是由 Richard Stallman 在 1983 年 9 月 27 日公开发起的。它的目标是创建一套完全自由的操作系统。Richard Stallman 最早在 net.unix-wizards 新闻组上公布该消息，并附带一份《GNU 宣言》解释为何发起该计划，其中一个理由就是要"重现当年软件界合作互助的团结精神"。

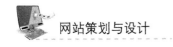

二、网络操作系统比较

在这两种系统中，Windows 系统属于商业级的操作系统，Linux 属于开源级的操作系统。Linux 完全公开自己的代码，任何人都可以对其进行完善，有利于操作系统的完善和进步。同时，企业也可根据自身需求对其进行封装。开源是软件行业发展的趋势。因此，Linux 颇受广大程序员的喜爱。

Linux 又被称作 Like-UNIX，具备所有的 UNIX 的功能，这是因为最初 Linux 就是从 UNIX 发展而来。在安全性及稳定性方面，Linux 是很优秀的操作系统。

在选择上，由于 Windows 系统操作简单，便于维护，但是安全性和稳定性不如 Linux，所以只适用于中小企业。

三、Web 服务器介绍

Web 服务器也称为 WWW（World Wide Web）服务器，主要功能是提供网上信息浏览服务。目前广泛使用的服务器有 Microsoft 的 IIS、BEA 的 WebLogic，以及开源服务器 JBoss 和 Tomcat。

1. IIS

IIS 是 Microsoft 的 Web 服务器，与其搭配的都是 Microsoft 的 ASP 系列项目。IIS 提供了一个图形界面的管理工具，称为互联网服务管理器，可用于监视配置和控制互联网服务。

IIS 是一种 Web 服务组件，其中包括 Web 服务器、FTP 服务器、NNTP 服务器和 SMTP 服务器，分别用于网页浏览、文件传输、新闻服务和邮件发送等方面，它使得在网络（包括互联网和局域网）上发布信息成为一件很容易的事。它提供 ISAPI（Intranet Server API）作为扩展 Web 服务器功能的编程接口。同时，它还提供一个互联网数据库连接器，可以实现对数据库的查询和更新。

目前网上很多的中小网站采用的都是这种服务器，应用广泛。IIS 管理器主界面如图 7.3 所示。

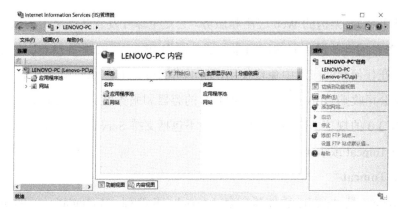

图 7.3　IIS 管理器主界面

2. WebLogic

WebLogic 是美国 BEASystems 公司推出的一个应用服务器，是商业市场上主要的 J2EE 应用服务器软件之一。它是用纯 Java 开发的。WebLogic 本来不是由 BEA 研发的，而是购买所得，然后再加工扩展而成。目前 WebLogic 在全球应用服务器市场上占有最大的份额。

WebLogic 是用于开发、集成、部署和管理大型分布式 Web 应用、网络应用和数据库应用的 Java 应用服务器。它将 Java 的动态功能和 Java Enterprise 标准的安全性引入大型网络应用的开发、集成、部署和管理中。WebLogic Server 具有开发和部署 Web 应用系统所需的很多优势。

① 方便开发。它凭借对 EJB 和 JSP 的支持，以及 BEA WebLogic Server 的 Servlet 组件架构体系，可迅速完成部署，方便开发。

② 与其他技术的集成紧密。它可以与很多先进的开源数据库及操作系统紧密集成。

③ 可靠性高。在容错、系统管理和安全性方面它处于领先水平。

④ 适用于企业电子商务应用系统。由于其具有快速开发、高可靠性、易于扩展等特点，成为企业电子商务系统的首选。

⑤ 支持 J2EE 开发中的多种标准，如 EJB、JSB、JMS、JDBC 及 XML 等。

3. JBoss

JBoss 是一套应用程序服务器，属于开源的企业级 Java 中间件软件，用于实现基于 SOA 架构的 Web 应用和服务。它是全球开发者共同努力的成果，是基于 J2EE 的开放源代码的应用服务器。因为 JBoss 代码遵循 LGPL 许可，所以可以在任何商业应用中免费使用，而不用支付费用。2006 年，JBoss 公司被 Redhat 公司收购。JBoss 是一个管理 EJB 的容器和服务器，支持 EJB 1.1、EJB 2.0 和 EJB 3.0 的规范。但 JBoss 核心服务不包括支持 Servlet/JSP 的 Web 容器，一般与 Tomcat 或 Jetty 绑定使用。

4. Tomcat

Tomcat 是 Apache 软件基金会（Apache Software Foundation）的 Jakarta 项目中的一个核心项目，由 Apache、Sun 和其他一些公司及个人共同开发而成，是另外一个优秀的开源的企业级 Java 中间件。可以支持最新的 Servlet 和 JSP。Tomcat 6.0 可以支持 Servlet 2.5 和 JSP 2.1。

Tomcat 是一个小型的轻量级应用服务器，在中小型系统和并发访问用户不是很多的场合下被普遍使用。它运行时占用的系统资源小，扩展性好，支持负载平衡与邮件服务等开发应用系统常用的功能。此外，它还在不断地改进和完善中，是开发和调试 JSP 程序的首选。

Tomcat 的主控制台如图 7.4 所示。可以通过操作左侧的相关功能进行相关内容的更改。

图 7.4　Tomcat 主控制台

四、主流 Web 服务器比较

根据创建项目所采用的语言不同，Web 服务器被分为两个阵营：Microsoft 的 IIS 服务器和其他 J2EE 项目服务器。由于目前在高端的 Web 项目开发中，Java 基本上处于霸主地位，主流服务器都尽量满足 J2EE 项目的需求，为其量身定做。

因此，一般中小型开发相关技术的项目都采用 IIS 服务器。

而对于其他 J2EE 项目服务器，衡量的标准主要还是对 J2EE 的支持、事务、日志、应用的吞吐量、占用内存、响应时间等性能指标上。

其中，响应时间被看作是 Web 服务器最重要的指标。响应时间直接影响到客户的体验。在众多的 Web 服务器中，Tomcat 由于是轻量级的 Web 服务器，被普遍认作是 JSP/Servlet 容器，响应速度最快。但是它对 J2EE 的很多性能只是部分支持，如 EJB 3.0 这种现今主要的后台技术，Tomcat 本身并不支持它，需要依靠 Apache Open EJB 第三方安装包的支持。

而在对 J2EE 支持方面，JBoss 支持大部分的 J2EE 特性，WebLogic 完全支持 J2EE 的特性，如 EJB 3.0、Hibernate 3.x 等。

另外，商业级的服务器一般都有很好的售后服务，目前在高端用户的市场上占有率很高。

JBoss 由于其完善的功能、开源的特性，逐渐被越来越多的开发人员采用，成为既经济又实惠的服务器。

五、为网站选择合适的运行环境

不同项目的运行环境也有区别。通过前面的介绍，知道了操作系统和 Web 服务器对项目的运行产生的不同效果，有效地结合它们的特性并对其高效利用是开发人员必须要考虑的问题。

例如，开发一个简单的 ASP 项目，只需 WISA（Windows 2003＋IIS＋SQL Server 2008＋ASP）即可；基于成本及快速开发考虑，可以采用 LAMP（Linux＋Apache＋MySQL＋PHP）方式；开发一个大型的项目，同时需要对 J2EE 具有

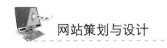

良好的支持，可以考虑 LJOJ（Linux＋JBoss＋Oracle＋JSP）。

总之，采用何种组合需要视特定项目的要求而定，不可一概而论。

第 4 节 网站开发技术的新趋势

随着互联网的发展，浏览者已经不能仅仅满足浏览信息这么简单了。浏览者开始要求有更好的服务和更好的体验，要求信息的及时性和趣味性。这样就对开发者提出新的要求：如何能更好地满足客户体验。

从后台来讲，如何高效地响应用户的请求很重要，在考虑效率的同时，还要考虑数据需要更好地存储和展现。

一、从 PC 转到移动设备

随着移动设备技术的发展，手机逐渐智能化。人们不必固定在电脑前上网，可随时通过手机来查看网络信息。而传统的网站页面臃肿，冗余代码较多，再加上移动传播速度慢，不便于通过手机浏览网页。这样，开发者就需要考虑到移动用户的体验，设计出专门用于移动用户浏览的页面。

二、HTML 5 将成为新一代 Web 标准

HTML 5 和 CSS 3 是下一代 Web 的页面技术。目前多个浏览器，如 IE 9、Safari、Chrome、火狐和 Opera 都在不同程度上支持 HTML 5，苹果 iPhone 也支持 HTML 5 的许多功能。

除了原先的 DOM 接口，HTML 5 增加了更多 API，如用于即时 2D 绘图的 Canvas 标签、定时媒体回放、离线数据库存储、文档编辑、拖曳控制、浏览历史管理等。另外，还新增了很多新的标签和属性，如<nav>（网站导航块）和<footer>。这种标签将有利于搜索引擎的索引整理。除此之外，还为其他浏览要素提供了新的功能，如< audio>和<video>标记等。

HTML 5 将会带来前台页面的一场革命，它是全新的、更合理的 Tag，多

媒体对象将不再全部绑定在 Object 或 Embed Tag 中,而是视频有视频的 Tag、音频有音频的 Tag。它还将内嵌一个本地的 SQL 数据库,提供加速交互式搜索、缓存及索引功能。Canvas 对象将给浏览器带来可直接在上面绘制矢量图的能力,这意味着可以脱离 Flash 和 Silverlight,直接在浏览器中显示图形或动画。理论上讲,HTML 5 是培育新 Web 标准的土壤,可让各种设想在其组织者之间进行分享。

三、JavaScript 的发展

近几年,随着 AJAX 的兴起,JavaScript 逐渐成为开发人员喜爱的脚本。如它的 jQuery 框架使富客户端、异步与无缝用户体验变为现实,使 Web 应用的开发变得更简单,并引发竞争和创新。

JavaScript 可以帮助实现过去只能靠 Flash 实现的东西,如交互式游戏、复杂的交互式数据可视化技术,也使那些富客户界面、Flash 式体验变得更具可访问性。

CSS 3 和 HTML 5 也开始涉足一些 JavaScript 的功能,如复杂对象的选取、动态圆角、实时可编辑页面。JavaScript 将趋向于用来处理 Web 应用与客户端的程序逻辑。JavaScript 的最新升级将使 Web 应用之间更容易相互操作。

四、SaaS(软件即服务)

随着 SaaS 越来越普遍,竞争会越来越激烈。由于引入门槛低,那些小厂商将有机会与大厂商展开竞争,未来这种竞争会更加激烈。SaaS 商业模式会逐渐取代传统软件的位置。

五、云计算

云计算(Cloud Computing)是分布式计算技术的一种,其最基本的概念是通过网络将庞大的计算处理程序自动分拆成无数个较小的子程序,再交由多部服务器所组成的庞大系统经搜寻、计算分析之后将处理结果回传给用户。

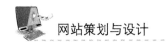

网站策划与设计

通过这项技术，网络服务提供者可以在数秒之内处理数以千万计甚至亿计的信息，实现和"超级计算机"同样强大效能的网络服务。

最简单的云计算技术在网络服务中已经随处可见，例如搜索引擎、网络信箱等，使用者只要输入简单指令就能得到大量信息。

未来如手机、GPS 等移动装置都可以通过云计算技术发展出更多的应用服务。

进一步的云计算不仅只提供资料搜寻、分析的功能，未来如分析 DNA 结构、基因图谱定序、解析癌症细胞等复杂的计算，都可以借助这项技术轻易达成。

第 8 章

如何做好网站策划与设计

要想成为一个成功的网站策划人员,要积累许多知识和项目经验。而对于一个初学者来说,综合学习一个网站策划的实例将会有巨大的帮助。本章将以一个在线图书网为例来介绍网站策划过程。

在线图书网是一个进行图书买卖的网站,在这个网站上,人们可以进行完整的图书交易,足不出户就能购买到需要的书籍。在网站正式开发之前,需要进行网站策划,本章主要描述关于这个网站的完整策划。

第 1 节　网站项目目标

当今社会是学习型社会,人们处于不断学习的状态。如何让人们能够足不出户就购买到所需的书籍,如何让人们在第一时间获得相关的信息,就是我们的网站建立的目的。

1. 网站功能目标及期望

① 利用自身的平台优势,为消费者提供品种繁多、物美价廉的产品,吸引商家入驻并进行网上销售(商家有无网站均可),丰富自身产品线,实现双赢,即所谓的商业街模式。

② 打破地域观念,使供货商得到全国各地客户认知,足不出户就可以将自己的产品在全国推广,通过在线购书网站可以被更多的读者选择,同时自身也可以选择更多的进货渠道。

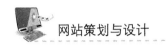
网站策划与设计

③ 建设"会员"系列，本网站上的商家都可以成为网站会员，享受免费宣传。

④ 在导视、区域、价格方面规范化、统一化，让消费者明白在网上购书的确能买到更放心、更实惠的产品，并且货真价实。

⑤ 网站在客户端具备完整的用户登录、基本信息修改、搜索、购物、下单及留言板等功能。

⑥ 网站在后台管理端具备完整的商家管理、商品管理及订单管理等功能。

2. 网站技术目标及期望

① 系统栏目易于增加、修改、删除和维护。

② 确保资源安全，能够有效防止资源向外部流失。

③ 确保相关数据在网上的运行速度。

④ 网络建设过程中充分考虑浏览量的限制，能够防止网络因浏览量过多而引起浏览缓慢或网站崩溃等问题。

⑤ 系统具有充分灵活的扩展能力，以满足不断发展的需要。

3. 网站美工目标及期望

① 整体设计风格简洁、大气、充满现代感。

② 色彩饱和、线条流畅和充分的空间留白。

③ 对页面进行优化，保证下载快速。

④ 页面采用开放式结构设计，具有较大的可扩展性。

第2节　网站设计原则

设计一个网站都有其自身的原则，根据网站的规模、用途等特性，其设计原则也不尽相同。

1. 经济性原则

网站整合功能完善的管理平台，包括商品管理、用户管理及订单管理，此平台可以使商家能够推出商品、上传广告，也能够很方便地对网站中的动态内容进行更新，进而提升网站收益。

2. 便利性原则

网站导航要明确、简单，要充分考虑用户的使用方便，尤其是不经常使用网站的用户，要让他们一目了然。

网站功能设计要以方便使用为原则。

3. 扩展性原则

网站具有高度的扩展性，能够为日后的功能扩展预留接口。

第3节 网 站 结 构

网站分为在线图书系统前台及在线图书系统后台两部分。

1. 在线图书系统前台

前台的主要功能是图书查询、购物车、用户管理及收银台等。

① 图书查询主要包括按类别查看图书及按关键字查找图书。

② 购物车主要包括查看购物车及添加编辑购物车。

③ 用户管理主要包括用户注册、用户登录、用户资料修改及创建查询订单等。

④ 收银台主要包括确认订单信息及结账。

2. 在线图书系统后台

后台的主要功能是商品管理、用户管理及订单处理。

① 商品管理主要包括商品添加、商品删除及商品查询。

② 用户管理主要包括用户查询及用户删除。

③ 订单处理主要包括订单查询及根据订单发货。

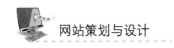

第 4 节　网站报价

在建立完网站的前期需求之后，就可以组建团队开发网站或者把网站外包给其他团队来开发，这时策划者必须对自己的要开发的网站的预算有一定的了解，具体的情况要根据具体的网站来分析。这里给出本案例网站的报价，见表 8.1。

表 8.1　网站报价

类型	序号	项目	费用/元
策划制作	1	网站策划	1 500
	2	网站风格设计	1 000
	3	页面制作	600
	4	网站内容编辑	1 000
功能开发	5	网站信息发布	450
	6	图书查询系统	450
	7	购物车	300
	8	用户管理	200
	9	收银台	200
	10	商品管理	200
	11	订单处理	200
		总计	6 100

第 5 节　网站建设进度及实施过程

1. 项目成员

项目经理（1人）负责项目管理、组织、协调，对项目资源进行控制，使项目能够按照计划实施，满足项目规定的业务需求。项目经理对项目的质量、

第 8 章 如何做好网站策划与设计

进度和成本负责。项目经理负责客户关系的管理，也是客户方项目经理的主要对口协调人。并负责整个项目中的数据库结构及功能程序的设计。

美术工程师（1人）从事项目整体上的创意、规划、视觉设计和交互表现的形式的方向把握和设计方案的提交，对项目规划设计的质量实施控制、指导与监督。

高级程序员（3人）负责服务系统的程序及多媒体的开发。

数据库设计师（1人）负责网站数据库的搭建，梳理网站中的客户及用户等的关系。

HTML 制作及测试工程师（2人）负责网页的模板制作及 HTML 搭建，网站的测试及运行。

后台管理员（1人）负责网站初期内容上传。

2. 项目合作成员

项目合作成员是指需要在网上销售书籍的产品提供方。

项目经理（1人）负责项目管理、组织、协调工作，签收各种项目文档，自始至终负责整个项目的进行。

相关材料提供者（N人）负责定期提供需要销售书籍的相关内容（图、文、声、像）。

3. 实施过程

① 开发/实施周期为 41 天。以下是网站系统开发进度的总体安排。

② 网站功能模块设计及确定：2 天。

③ 网站美工设计及确定：6 天。

④ 网站系统详细设计阶段：10 天。

⑤ 网站数据库建立：5 天。

⑥ 网站功能块建立（编写代码）：15 天。

⑦ 网站测试：2 天。

⑧ 网站验收：1 天。

⑨ 网站正式运行。

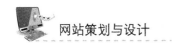
网站策划与设计

第 6 节 网站信息发布

网站中任何发布都需有一个确认过程,即后台上传后,需要通过管理员做进一步确认,方可显示。管理员也可以随时定义信息的状态,即显示或隐藏。

第 7 节 网站技术维护

本系统建设运行后,设计方将保障系统安全可靠地运行,及时修复出现的故障,按照客户要求对计算机系统进行升级,保证用户所使用技术的领先性和系统的安全性。可能采取的服务方式有以下几种。

1. 用户培训

用户培训包括对用户适应系统需要进行的操作使用培训、网页修改培训、数据库管理培训、电子商务常识培训,同时还包括客户由于使用系统而导致的业务流程和管理模式变更的培训。

2. 电话支持

专门的服务支持机构,通过电话专门提供客户在操作使用方面的培训。

3. 网上服务

在用户出现问题之后,为用户提供网上的服务支持。在系统开发完毕后,考虑到用户可能有自己独立维护的需要,提供系统设计说明书,保证客户的权益。每次维护都将按照规范的业务流程填写维护申请,经双方项目经理协商认可后再进行修改。每次修改均提供完整的修改说明。

第 9 章

网站综合测试

网站测试是保证网页制作质量的一个很重要的手段,网页发布之前都应该先测试。此外,要发布网站,就要把制作好的页面及各种文件上传到服务器上才能让广大的网民了解并登录你的网站。

第 1 节 本地测试站点

当编好网站代码并决定运行它时,还需要搭建一个本地服务器来检测网站是否存在问题,保证网站在实际环境中可以顺利运营。

现在的网站环境常用的语言有 ASP、ASP .NET、PHP 和 JSP 等。在下面的几个小节中,会介绍如何对这几种常用语言开发的网站进行本地测试。

有关本地服务器的配置,这几种语言程序全部可以在 Windows 下进行测试。ASP、ASP .NET 本身就是运行在 Windows 系统中的。对于 PHP 和 JSP 语言的网站程序,同样也可以在 Windows 系统下通过软件来实现本地测试。

第 2 节 ASP .NET 本地站点测试

测试 ASP .NET 网站需要一台装有 IIS 的 Windows 操作系统的主机,Windows XP、Windows Vista、Windows 7、Windows Server 2003 及 Windows

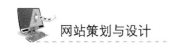
网站策划与设计

Server 2008 都可以用来做 ASP .NET 的网站测试,前提是必须安装 Windows IIS 组件。

提供:IIS(Internet Information Services,互联网信息服务)是由微软公司提供的基于运行 Microsoft Windows 的互联网基本服务。最初是 Windows NT 版本的可选包,随后内置在 Windows 2000、Windows XP Professional 和 Windows Server 2003 中一起发行,但在普遍使用的 Windows XP Home 版本上并没有 IIS。

一、安装 IIS

本书以在 32 位的 Windows XP 下安装 IIS 为例来讲解如何进行 ASP.NET 本地站点测试。

① 在 Windows XP 系统桌面的左下角单击"开始"→"控制面板"→"添加/删除 Windows 组件"。

② 在打开的"Windows 组件向导"对话框中勾选"Internet 信息服务(IIS)"选项。

③ 单击"下一步"按钮后,可看到完成界面,单击"完成"按钮即可。

提示:在 IIS 的安装过程中可能需插入 Windows 的安装光盘,当有提示窗口弹出时,插入光盘后单击"确定"按钮即可。

二、开始 ASP.NET 本地站点测试

在 IIS 安装完成后,就可以使用它来对 ASP.NET 的网站程序进行测试了。和其他的 Windows 程序一样,IIS 操作起来也并不特别复杂。

① 在 Windows XP 系统桌面的左下角单击"开始"→"控制面板"→"性能和维护"→"管理工具",打开"Internet 信息服务"界面。

② 依次展开"本地计算机"→"网站"→"默认网站",右键选择"默认网站"选项,打开下拉菜单。

注意:由于 Windows XP 中 IIS 本身功能限定,无法创建除默认网站以外的网站,只能通过创建虚拟目录的方式进行测试。在 Windows 的服务器版操

作系统中可以创建多个网站。

③ 在弹出的菜单中选择"新建"→"虚拟目录",在"虚拟目录创建向导"对话框中单击"下一步"按钮,进入"虚拟目录别名"界面。填写自定义的别名后,单击"下一步"按钮,进入"网站内容目录"界面。指定网站程序的目录后,单击"下一步"按钮。

④ 在弹出的"访问权限"界面勾选虚拟目录的访问权限。通常赋予读取、运行脚本及浏览的权限即可。单击"下一步"按钮后,单击"完成"按钮就完成了虚拟目录的创建。

⑤ 打开 IE 浏览器,输入"http://localhost/目录别名"或"http://127.0.0.1/目录别名"即可查看网站程序的运行情况,并进行本地测试。

完成了以上的步骤,即完成了 ASP.NET 本地站点测试。若网站程序使用数据库,同样也需要对数据库进行配置,只需在网站程序中将数据库的配置文件修改为数据库服务器地址即可。当然,这些配置都是在确定服务器已安装好数据库软件的前提下进行的。

第 3 节　PHP 本地站点测试

PHP 语言程序常运行在 Apache+PHP+MySQL+Linux/Windows 环境下。但是,在 Windows 系统下,有许多图形化界面的软件可以配置运行 PHP 语言程序的环境。本书以在 32 位的 Windows XP 下安装 phpStudy 为例,讲解如何进行 PHP 本地站点测试。

一、安装 phpStudy

phpStudy 程序集成了最新的 Apache+PHP+MySQL+phpMyAdmin+ZendOptimizer,一次性安装,无须配置即可使用,是非常方便、好用的 PHP 调试程序。该程序不仅包括 PHP 调试环境,还包括开发工具、开发手册等。

① 从互联网上下载最新的 phpStudy 程序,下载完成后运行它。

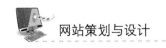
网站策划与设计

② 单击"下一步"按钮,在"许可协议"界面勾选"我接受"选项。在"选择目标位置"界面中浏览路径,然后单击"下一步"按钮。

③ 进入"选择 PHP 程序存放目录"界面。选择网站程序的目录,也可以使用默认的目录,然后将网站程序复制到目录下。

④ 选择好安装的目标位置后,单击"下一步"按钮,进入"选择组件"界面。使用默认的"完全安装"方式,在接下来的步骤中全部使用默认的设置,选择程序的位置、创建桌面图标,直至在"准备安装"界面单击"安装"按钮。最后在完成界面单击"完成"按钮。

注意:安装过程中,如有防火墙开启,注册启动服务时,会提示是否信任 httpd、mysqld-nt 运行,以及端口 80、3306 等,请选择允许。

提示:phpStudy 安装完成后,会在 Windows 的服务中安装 Apache 2、MySQL 两个服务,可以在"控制面板"→"性能和维护"→"管理工具"→"服务"中查看这两个服务的运行状态。

二、开始 PHP 本地站点测试

因为 phpStudy 是运行在 Windows 下的图形化界面工具,所以它的使用方法和操作过程都比较简单。

① 运行 phpStudy,在桌面右下角的托盘处会有程序的图标。

② 单击 phpStudy 运行图标,弹出二级菜单。选择"WWW-root"选项,将网站程序复制到打开的资源管理器中。

③ 设置网站程序数据库,phpStudy 集成了 MySQL 环境,可以对 MySQL 数据库的相关配置进行更改。单击 phpStudy 运行图标,在弹出的菜单中选择"MySQL 设置"选项,打开"MySQL 设置"窗口,可以修改端口、最大连接数、密码及字符集等。

④ 可以通过 phpStudy 集成的 phpMyAdmin 工具,进行创建/删除数据库、创建/删除表、导入/导出数据库及修改数据库/表等操作。单击 phpStudy 运行图标,在弹出的菜单中选择"phpMyAdmin"选项,会自动在浏览器中打开 http://localhost/phpMyAdmin/,之后输入用户名和密码,单击"执行"按钮即

可进入。

注意：phpStudy 集成的 MySQL 数据库用户名和密码同为 root。

⑤ 在语言程序和数据库都配置完成以后，打开 IE 浏览器，输入 http://localhost/或 http://127.0.0.1/，即可查看网站程序的运行情况，并进行本地测试。

⑥ 使用软件对 PHP 本地站点进行测试是一件非常简单的事情。但这仅仅是应用在测试中，因为使用集成 PHP 环境的软件只能支持较小负载量和并发数的网站。若实际运营一个网站，一定要使用服务器版的真实环境和软件。

第 4 节　JSP 本地站点测试

JSP 技术有点类似 ASP 技术，它是在传统的网页 HTML 文件（*.htm，*.html）中插入 Java 程序段（Scriptlet）和 JSP 标记（tag），从而形成 JSP 文件（在.jsp）。用 JSP 开发的 Web 应用是跨平台的，既能在 Linux 上运行，也能在其他操作系统上运行。JSP 网站程序运行需要 Java Development Kit 和 Apache Tomcat 支持。本书以在 32 位的 Windows XP 下安装 Development Kit 和 Apache Tomcat 为例来讲解如何进行 JSP 本地站点测试。

一、安装 Java Development Kit

从互联网上下载 Java Development Kit 和 Apache Tomcat。

Java Development Kit：http://java.sun.com/javase/ downloads/ index.jsp，下载 32 位版本。

Apache Tomcat：http://tomcat.apache.org/download-60.cgi，下载 32 位/64 位 Windows Service Installer 版本。

① 双击启动已经下载好的 Java Development Kit 安装程序，弹出"许可证协议"界面。

② 单击"接受"按钮，在"自定义安装"界面使用默认的配置，将所有的功能全部安装。也可以单击右边的"更改"按钮，更改文件的安装目录。

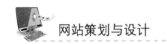

③ 单击"下一步"按钮，经过一段时间的安装，安装程序会自动弹出 Java 的安装选项，可以选择 Java 的语言支持、字体和媒体支持，以及 IE 默认 Java 设置等。同样，也可以单击右边的"更改"按钮来更改文件的安装目录。

④ 单击"下一步"按钮，经过一段时间的安装后，安装程序自动完成。单击"完成"按钮即完成了 Java Development Kit 的安装。

二、安装 Apache Tomcat

Apache Tomcat 官方没有提供简体中文的安装程序，所以，本书以英文版的 Tomcat 安装程序为例来讲解如何安装 Apache Tomcat。

① 双击启动下载好的 Apache Tomcat 安装程序，弹出安装向导界面。

② 单击"Next"按钮，弹出"License Agreement"（许可协议）界面，单击"I Agree"（我同意）按钮，进入"Choose Components"（选择组件）界面选择需要安装的组件，使用默认的即可。

③ 单击"Next"按钮进入"Choose Install Location"（选择安装目录）界面，指定程序的安装目录。

④ 单击"Next"按钮进入配置界面，自定义 HTTP 的端口、管理员用户名及密码，自定义填写即可。

注意：HTTP 默认的端口是 80，若将网站指定为非 80 端口，在浏览器访问网站时同样需要指定端口，如访问新浪 http://www.sina.com.cn 使用的即为默认的端口 80，但新浪网若在配置时使用的是 8080 端口，那么用户在访问新浪时就需要输入 http://www.sina.com.cn:8080。

⑤ 单击"Next"按钮进入 Java 虚拟机目录选择界面，默认情况下已指定了 Java 虚拟机的文件目录，无须更改。若目录文本框为空，手动指定即可。

⑥ 指定虚拟机目录后，单击"Install"（安装）按钮，经过一段时间的安装后，最终出现完成 Apache Tomcat 安装向导页面，单击"Finish"按钮完成安装即可。

三、开始 JSP 本地站点测试

① 运行 Tomcat，在桌面右下角的托盘处会有程序的图标。右键单击 Tomcat 图标，弹出二级菜单。

② 选择"Configure"选项，在打开的属性界面的"General"（常规）标签中，可以更改 Tomcat 在 Windows 中服务的运行状态、显示名及启动类型等。在 Tomcat 的属性界面也可以对登录、日志、Java、启动及关机选项进行设置。

③ 打开 Tomcat 的安装文件目录..\Apache SoftwareFoundation\Tomcat 60\webapps\ROOT。若安装时使用默认的地址，安装目录即为 C:\Program Files\Apache Software Foundation\Tomcat 6.0\webapps\ROOT。

在 ROOT 子目录下新建一个文件夹，将网站程序复制到新建的文件夹中。打开 IE 浏览器，输入"http://localhost/目录别名"或"http://127.0.0.1/目录别名"，即可查看网站程序的运行情况，并进行本地测试。

提示：在 ROOT 下新建文件夹相当于网站的子目录，若不想使用子目录的方式，将 ROOT 下的所有文件全部删除并替换为网站程序即可。

注意：访问时，端口要与 Tomcat 安装时的设置相同。

完成了以上的步骤即完成了 JSP 本地站点测试。和其他语言程序网站一样，若网站程序使用数据库，同样也需要对数据库进行配置，只需要在网站程序中将数据库的配置文件修改为数据库服务器地址即可。

第 10 章

申请网站上线流程

对网站进行本地测试后,就要申请网站空间和域名,域名是 Internet 网络上的一个服务器或一个网络系统的名字。在全世界不会有重复的域名,它具有唯一性。

第 1 节　域名的选择

从技术上讲,域名只是互联网中用于解决地址对应问题的一种方法,可以说只是一个技术名词。但是,由于互联网已经成为全世界人的互联网,域名也自然地成为一个社会科学名词。

如果把网站比作一个人,那么域名就是一个人的名字。人可以有多个名字,包括中文名、英文名等,相应地,域名也是如此,一个网站可以有多个域名,但是一个域名只能对应一个网站。人可以重名,但域名不可以相同。域名遵循先申请后注册原则,管理机构对申请人提出的域名是否侵犯了第三方的权利不进行任何实质性审查。在网络上,域名是一种相对有限的资源,它的价值随着注册数目的增多而逐步为人们所重视。

一、域名的种类

域名可以按语种、地域和管理机构进行分类。

按语种的划分,有中文域名(.cn)、英文域名(.com)及日文域名(.jp)等。

第 10 章　申请网站上线流程

按所在域划分,有顶级域名(www.baidu.com)、二级域名(zhidao.baidu.com)等。

按管理机构划分,有商业性的机构或公司(.com)、非营利的组织和团队(.org)、政府部门(.gov)等。

近年来,一些其他类型的新域名形式层出不穷,如名称域名(.name)、个性域名(.me)等,域名的种类繁多,并且在不断地增加和变化。

二、选择域名

域名是用户对网站的第一印象,若想建设一个成功的网站,选择一个好的域名至关重要。选择域名应包含以下几个原则。

(1)短小

域名的长度短,从一定意义上讲,可以减少用户的输入量,体现了用户友好性。在常用的.com、.net 域名中,一些好的域名已早被人抢注,但是,还可以选择一些类似于拼音、拼音缩写、单词缩写或数字和字母组合的方式来减少域名长度,如 baidu.com(拼音)、cnr.cn(单词缩写)、51cto.com(数字字母组合)等。

(2)容易记忆

域名容易记忆也是一项很重要的因素。使用一些通用的词汇,可以使用户"望文生义",只要记住了网站的域名,就可以在需要的时候顺利地访问到网站。此外,也可以使用一些谐音作为网站的域名,如 yahoo.com、sohu.com 等。

(3)不易混淆

网站的域名容易混淆表现在两个方面:一是在网站上使用连接符号,造成与其他已存在的网站混淆,比如注册了一个 dong-wu.com 的域名来建设一个与动物有关的网站,但是已经有域名为 dongwu.com 的网站在做动物内容,这样不仅会增加对网站域名解析的困难,还会因为有一部分用户误以为是 dongwu.com 这个域名,从而使访问你的网站的流量丢失。另一个是域名的后缀与已存在的网站混淆,如 163.net 和 163.com,许多人都不能区分这

两者。

（4）不易拼写错误

在阿拉伯数字和英文字母中，有一些字符的形状很相似，如数字"0"和字母"O"，数字"1"和小写字母"l"，这在申请域名时也应注意。当然，不乏有一些网站利用别人拼写错误而增加自身点击数量的情况。

（5）与网站内容相关

申请域名时，尽量选择与网站的某些内容或关键字相关的域名，使人看了域名就可以大体知道网站的内容和对象，如 nokia.com、ibm.com。网站域名包括网站的关键字，这种方法对搜索引擎在关键字排名上也会有积极的作用。

第2节　域名的申请

国内提供域名注册的服务商有许多，注册时应尽量选择类似于万网和新网等比较大的域名提供商来注册。一些小的公司或代理商大多是为这两家做代理销售的，他们在价格上会比这两个大的域名提供商占优势，但是万网和新网的服务质量和产品保障是一些小的域名注册商无法比拟的。当然，也可以根据实际情况来选择性价比较为合理的其他域名提供商，域名注册代理商的选择空间还是比较大的。

下面以中国万网为例，详细地讲解如何注册一个域名。

① 登录中国万网，在浏览器中输入"www.net.cn"，进入万网首页。

注意：如果你已经拥有一个万网的用户账户，可直接单击页面右上角的"请登录"，否则单击右上角的"免费注册"。

② 单击"免费注册"按钮，打开"免费注册"页面，会看到一个注册网站需要填写的表单。按照个人的实际情况来填写这个注册信息，其中有"*"号的为必填选项。

注意：在"请选择用户类型"时请慎重地选择"单位或公司"或"个人

第10章 申请网站上线流程

用户"，因为这个选项会影响到以后域名的注册信息。

③ 填写完表单后，在下面勾选"我已阅读，理解并接受万网会员注册条款"选项，然后单击"同意条款，立即注册"按钮，一个新的用户就注册完成了，这样就可以使用刚刚注册的用户在万网申请注册域名。

④ 在中国万网首页导航菜单中，选择"域名服务"→"英文域名"，会看到许多可选择的域名和价格，以申请.com英文域名为例来说明。

提示：.cn/.com.cn 等中文域名目前已停止个人注册和使用。

⑤ 在".com英文域名"下面选择"购买"选项，进入"产品购买"页面。

⑥ 选择好年限后，单击"继续下一步"按钮，在信息页面主要有三大项需要填写，分别为域名选择、域名信息及域名DNS服务器。按个人真实的信息填写。

注意：英文域名由各国文字的特定字符集、英文字母、数字及"−"（连字符或减号）任意组合而成，但开头及结尾均不能含有"−"。域名中字母不分大小写。域名最长可达67个字节（包括后缀.com、.net、.org等）。中文域名各级域名长度限制在26个合法字符（汉字、英文a~z、A~Z、数字0~9和−等均算一个字符），不能是纯英文或数字域名，应至少有一个汉字。"−"不能连续出现。

此外，填写域名信息时，务必填写真实、有效和完整的域名注册信息。

提示：选择域名解析服务器只有一项选择："使用万网默认DNS服务器"。

⑦ 填写完成后，勾选"我已阅读，理解并接受中国万网国际英文域名（.com）注册协议"选项，然后选择"继续下一步"按钮，在"确认信息"页面确认之前填写的信息是否正确，然后将"结算方式"选项选择为"自动结算"，单击"完成购买"按钮即可。

⑧ 完成上面的这些步骤，域名订单已经成功，还差最后一步——支付。中国万网支持网上付款、银行电汇、到万网公司付款、上门收费及支票付费，选择一种比较方便的方式进行付款，之后即可拥有这个域名的所有权。

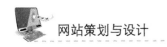

第3节 管理域名

管理域名是一件相对简单的事情，可以通过域名管理实现一些常用的功能，如设置域名解析、修改 DNS、打印域名证书等。

注意：DNS 是域名系统（Domain Name System）的缩写，它在互联网的作用是把域名转换成网络可以识别的 IP 地址。

① 进入万网的"会员中心"对域名进行管理。在"会员中心"首页左侧的"域名管理"标签下单击"域名管理"按钮。

② 在右侧的"全部域名"中找到需要管理的域名，单击最后一项"管理"按钮，进入"域名基本信息"页面，可以修改域名解析、域名过户、域名密码等信息，也可以将域名证书打印出来。

③ 单击页面中的"中名证书打印"按钮，可以查看域名的所有权，并打印域名证书。

注意：域名解析就是从域名到 IP 地址的转换过程。IP 地址是网络上标识用户站点的数字地址，为了简单好记，采用域名来代替 IP 地址标识站点地址。域名的解析工作由 DNS 服务器完成。域名注册完成只说明你对这个域名拥有了使用权，如果不进行域名解析，那么这个域名就不能发挥它的作用。经过解析的域名可以用来作为电子邮箱的后缀，也可以用来作为网址访问自己的网站，因此域名投入使用的必备环节是"域名解析"。

第4节 选择和注册网站空间

在完成域名的注册后，还有一个重要的工作就是注册网站空间。网站空间的性能决定了网站运行的实际效果。

一、网站空间的概念

网站空间就是存放网站内容的空间。网站空间也称为虚拟主机空间,通常将已经做好的网站文件上传到这个空间,进行网站的发布。一般的个人或企业的网站都不会自己架设服务器,而是选择虚拟主机空间作为放置网站内容的网站空间。

二、网站空间的种类

网站空间的种类主要是根据服务器的类型和性能来决定的。以中国万网为例,其网站空间分为以下 4 种。

(1)虚拟主机:是在网络服务器上划分出一定的磁盘空间供用户放置站点、应用组件等,提供必要的站点功能与数据存放、传输功能。一台服务器上的不同虚拟主机是各自独立的,并由用户自行管理。但一台服务器只能支持一定数量的虚拟主机,当超过这个数量时,用户将会感到网站性能急剧下降。

(2)专享主机:利用先进的基于操作系统的虚拟化技术构建,将一台物理服务器分割为若干个虚拟的专享主机。每个专享主机都有自己专属的文件系统、内存、IP 地址等,相当于一个独立的操作系统,用户可以自主控制,灵活配置,比虚拟主机有非常大的自由度。另外,专享主机还为用户提供专门的基于 Web 的管理工具,让用户拥有专业的品质和独立的享受。

(3)独享主机:独享主机是租用服务器的一种形式,一般由有一定实力的网络服务商提供。包括放置服务器的机房、带宽和服务器硬件等。网络服务商会提供网络监控服务、人工技术支持和代维服务。适用于大型的网站、网络服务器。

(4)托管主机:是指将自己的服务器放在能够提供服务器托管业务的电信运营商的机房里,实现其与互联网连接,从而不需要用户自行申请专线连接到互联网。适用于大空间、大流量业务的网站服务,或者是有个性化需求、

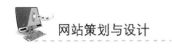

对安全性要求较高的客户。

三、选择网站空间

网站的全部内容制作完成之后,需要购买一个网站空间存放网站内容后才能发布。在购买网站空间前,应注意以下几点。

① 网站空间服务商的专业水平和服务质量。这是选择网站空间的第一要素,在互联网上,提供网站空间的商家不计其数,他们的技术水平和专业知识也是参差不齐的,在选择网站空间时,尽量选择可以提供 7×24 技术支持的服务商。如果选择了质量和服务都不太好的服务商,很可能会在网站运营中遇到各种问题时难以得到及时的解决,从而严重影响网站的运行。

② 提供网络空间的大小、数据库的大小。根据网站程序占用的空间及以后运营中可能会增长的空间来选择对应主机空间的大小,应留有足够的余量,以免由于网站空间不够,对网站造成不利影响。一般来讲,空间的大小和价格是成正比的,所以要从实际情况出发。同样,网站若需使用数据库,数据库的大小也是应该考虑的一部分。现在许多空间服务商都会将数据库作为单独的数据库空间进行出售,所以数据库的大小也应该在计划范围之内。

③ 网站空间的操作系统及数据库等特殊功能是否支持。虚拟主机的配置也是有多种多样的,如操作系统、数据库配置,这些都需要根据网站的功能进行选择,如果可能,最好在网站开发之前了解一下虚拟主机的情况,以免在网站开发后找不到合适的主机。有一些网站空间只支持某种语言的网站程序,这些主要取决于空间服务商所使用的系统环境。同时,也需要了解网站空间是否需要一些特殊的功能,如伪静态、重定向页面、自定义 404 错误页面等。

提示:在常见的动态语言网站中,ASP.NET 一般在 Windows 系统环境中运行;PHP 语言的网站一般在 Linux 系统环境中运行(在 Windows 中也可以运行);JSP 在 Windows 系统环境中运行比较多,Linux 也对其

第 10 章　申请网站上线流程

支持。

④ 网站空间的稳定性和速度。这些因素都影响网站的正常运作，需要有一定的了解。如果可能，在正式购买之前，先了解一下同一台服务器上其他网站的运行情况。有些网站空间服务商还会有限制网络流量的条款，这些都需要在购买网站空间时了解好。

⑤ 网站空间的价格。现在提供网站空间服务的服务商很多，质量和服务也千差万别，价格同样有很大差异。一般来说，著名的大型服务商的虚拟主机产品要贵一些，而一些小型公司的产品比较便宜，可以根据网站的需要程度来决定选择虚拟主机提供商。若条件允许，在国外尽量选择万网、新网等比较大的服务商，这样在服务和质量上都会得到保障。

四、申请网站空间

国内可供申请网站空间的服务商和域名提供商很多，因为一般提供域名的服务商都会同时提供网站空间，本小节以中国万网为例，来说明如何申请网站空间。

① 登录万网 www.net.cn，进入"会员中心"。

② 在"会员中心"页面上边的导航处选择"主机服务"下拉菜单，单击"虚拟主机"按钮。

③ 以购买"M3-HK 型虚拟主机"为例。在"M3-HK 型虚拟主机"下边单击"购买"按钮。

④ 在打开的"选择产品"页面中，选择好年限与价格后，单击"继续下一步"按钮。

⑤ 进入"填写信息"页面，把相关的信息填写好。"主机域名"下显示之前在万网申请过的域名，在下拉中菜单中将其选中即可；若无，则自行填写域名信息。

⑥ 单击"继续下一步"按钮，确认之前填写的信息无误后，勾选"自动结算"或"手动结算"，单击"完成购买"按钮即完成了对网站空间

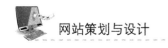网站策划与设计

的购买。

五、管理网站空间

申请好网站空间后，同域名一样，可以在后台对其进行管理。

在管理后台首页，可以看到管理的运行状态、上传账号、绑定域名及默认首页等信息。下面对它们的功能逐一进行说明。

运行状态：可以查看网站空间当前的运行状态，包括 Web 状态、FTP 状态及空间使用情况。可以手动控制网站空间的运行状态。

上传账号：可以在此处查看网站空间使用的 FTP 服务器、用户名及密码信息，也可以在此处修改 FTP 密码。

提示：一般的网站空间服务商都不允许修改 FTP 用户名，因为在填写 FTP 账号信息时，空间服务商的系统会自动创建以 FTP 用户名为文件夹名的网站空间。

绑定域名：可以设置网站空间使用的域名，将指定的网站空间的域名信息填写在此处。

默认首页：可以在此处设置默认首页，里面还会有一些选项。

注意：默认首页即默认文档，是指在访问一个文件目录时自动定位的一个文件。比如主机空间内有许多不同名字的文件，但是如果希望在输入网址 www.abc.com 的时候，默认访问其中一个叫作 index.htm 的文件，那么就需要将默认首页设置为 index.htm。

除此之外，还可以在"高级设置"里选择其他的高级操作，这些功能都可以有选择地使用。

总体来讲，网站空间的选择性很大，可以在国内众多的服务提供商处选择一款符合自己需求的网站空间。只要根据实际情况，从实际需求的角度出发，就会找到合适的一款。

第 10 章　申请网站上线流程

第 5 节　网站的上传

上传网站的工具很多，最方便的方式就是利用 FTP 软件。专业的 FTP 软件通常都具有支持断点续传、下载或上传整个目录而不会因闲置过久被站点踢出、上传或下载队列、本地和远程目录比较、修改文件属性、显示隐含文件等功能。这样的软件有很多，最常用的有 CuteFTP、LeapFTP、FlashFXP 等。

一、通过浏览器上传网站

网站的上传通常指的是使用 FTP 方式，将本地的文件同步到远程计算机上，这个同步的过程即为上传。需要进行远程文件传输的计算机必须安装和运行 FTP 客户端程序。在 Windows 操作系统的安装过程中，通常都安装了 TCP/IP 协议软件，其中就包含了 FTP 客户端程序。

注意：FTP 是 File Transfer Protocol（文件传输协议）的英文简称，用于在互联网上控制文件的双向传输。用户可以通过它把自己的 PC 机与世界各地所有运行 FTP 协议的服务器相连，访问服务器上的大量程序和信息。

本书以 Windows XP 下的 FTP 上传为例，来讲解如何通过 IE 浏览器实现网站的上传。

① 打开 IE 浏览器，输入 ftp://192.168.2.100。在弹出的"登录身份"对话框中输入用户名和密码。

注意：IP 地址为 192.168.2.100 的计算机是假设的一个远程计算机，即上传的目标服务器。

② 单击"登录"按钮，登录后的 FTP 和本地的资源管理器相同。可以在 FTP 服务器中复制、粘贴、新建及删除文件夹或文件等。

在远程 FTP 服务器窗口的右下角，可以查看当前登录到远程 FTP 服务器的用户名和连接状态。可以使用复制、粘贴的方式将本地的网站程序上传到

FTP 服务器中，也可以直接将本地的网站程序拖拽到远程 FTP 服务器的资源管理器中。

提示：若打开 FTP 出现无法显示网页的情况，则打开"Internet"选项中"高级"标签，检查"设置"选项下的"为 FTP 站点启用文件夹视图"是否勾选。若没有勾选，将其勾选即可解决此问题。

通过浏览器上传网站程序是一种简单的上传方式。但是，它的缺点也很明显，即无法断点续传、容易掉线及在 IE 中暴露密码。所以推荐使用相关的 FTP 工具上传网站程序。

二、使用 CuteFTP 软件上传网站

CuteFTP Pro 是一个全新的商业级 FTP 客户端程序，它拥有友好的用户界面和稳定的传输速度。其加强的文件传输系统能够完全满足今天的商家们的应用需求。CuteFTP Pro 还提供了 Sophisticated Scripting、目录同步、自动编程、同时多站点连接、多协议支持（FTP、SFTP、HTTP、HTTPS）、智能覆盖、整合的 HTML 编辑器等功能特点，以及更加快速的文件传输系统。

① 运行桌面 CuteFTP 软件，在首次打开程序界面时，会有"每日小秘诀"的提示窗口，可以浏览一些有关 CuteFTP 软件的小技巧，也可以去除"启动时显示提示"的复选框的选项，这样程序在下一次运行时不会再有提示。若需要更改此选项，可在 CuteFTP 程序界面的工具栏单击"帮助"菜单，在下拉菜单中选择"每日小秘诀"。

② 在程序界面的工具栏单击"文件"→"新建"→"FTP 站点"。

③ 打开"站点属性"界面。以下是"常规"标签下需要填写选项的说明。

标签：在标签下的文本框处填写显示的标题。

主机地址：远程计算机地址，即 FTP 服务器地址。

用户名：FTP 服务器用户。

密码：FTP 服务器用户所对应的密码。

注释：对站点服务器的注释说明。

在站点属性界面里，可以根据实际需要设置类型、动作、选项等标签内

第10章 申请网站上线流程

的选项，如默认类型、端口、服务器类型及密码保护等。

④ 站点属性设置完成后，单击"确定"按钮即完成对 FTP 站点的设置。设置完成后，还可以通过在"站点管理器"中右键单击相关的站点，在下拉菜单中单击"属性"进行更改。

⑤ 建立 FTP 站点后，在左侧的"站点管理器"中双击 FTP 站点，连接完成后，出现远程 FTP 站点管理界面。

⑥ 在左侧的"本地驱动器"中选择需要上传的网站文件，拖动到右侧的 FTP 站点中即完成上传。

在右侧的状态栏下面的面板中可以查看当前 FTP 站点的状态和命令，在下面的"队列窗口"中可以查看当前上传的文件和队列。

完成以上步骤，即完成了网站程序的上传工作。

三、使用 FlashFXP 软件上传网站

FlashFXP 是一个功能强大的 FXP/FTP 软件，融合了其他一些优秀 FTP 软件的优点：支持文件夹（带子文件夹）的文件传送、删除；支持上传、下载及第三方文件续传；可以跳过指定的文件类型，只传送需要的文件；可以自定义不同文件类型的显示颜色；可以缓存远端文件夹列表，支持 FTP 代理及 Socks 代理；具有避免空闲功能，防止被站点踢出；可以显示或隐藏具有"隐藏"属性的文件和文件夹；支持每个站点使用被动模式等。

① 运行 FlashFXP 软件。FlashFXP 的用户界面比较简单。

② 在程序界面左上角的工具栏处单击"站点"菜单，在下拉菜单中选择"站点管理器"。用户也可以使用快捷键 F4。

③ 在"站点管理器"中，单击界面左下角的"新建站点"按钮，在弹出的"创建新的站点"对话框中输入自定义的站点名称，单击"确定"按钮后对站点进行设置。其中的远程路径和本地路径可进行选择性填写，其他选择按实际填写即可。填写完成后，单击"应用"按钮以保存所填写的内容，然后单击"连接"按钮。

④ 连接完成后，进入远程的 FTP 站点中，右下角的连接状态会显示连接

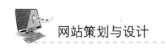

完成。将左侧本地的网站程序拖动到右侧的远程服务器站点中，即完成了网站的上传。

注意：使用 FlashFXP，除了可进行本地与服务器之间的传输，还可以实现站点之间的互相传输。在程序界面的工具栏中单击"切换到 FTP 浏览器"或"切换到本地浏览器"，将两个选项都选择为 FTP 浏览器即可。

四、使用 LeapFTP 软件上传网站

LeapFTP 是功能强大、可媲美 Bullet Proof FTP 的 FTP 软件。它有与 Netscape 相仿的书签形式，连线更加方便。上传文件支持续传。可下载或上传整个目录，也可直接删除整个目录。可一次性下载或上传同一站点中不同目录下的文件。浏览网页时，若在文件链接上右击，选择"复制捷径"，便会自动下载该文件。

其具有不会因闲置过久而被站点踢出的功能；可直接编辑远端 Server 上的文件；可设定文件传送完毕自动中断 Modem 连接。

① 运行 LeapFTP 程序，在程序界面左上角的工具栏处单击"站点"，在下拉菜单中选择"站点管理器"或使用快捷键 F4。

② 在站点管理器中，单击"添加站点"，在弹出的"添加站点"对话框中输入自定义的站点名称，单击"确定"按钮，填写有关 FTP 服务器的相关信息，然后单击"应用"→"连接"。

③ 连接到 FTP 服务器后，将左侧的本地网站程序拖动到右侧的 FTP 服务器中。

在上传的过程中，左下方面板的窗口中将显示队列，右下角面板的窗口中显示连接状态。LeapFTP 还支持一些脚本的运行，可以在工具栏中单击"脚本"，在下拉菜单中选择运行的脚本。

五、使用 FileZilla 软件上传网站

FileZilla 是一个快速并且易用的 FTP 客户端软件，站点管理器、拖放操

第 10 章 申请网站上线流程

作、传输队列、代理服务器、连接服务器等常规功能一应俱全，还支持 IPv6 协议及同时传输多个文件。FileZilla 分为客户端版本和服务器版本，具备所有的 FTP 软件功能。在 Windows、Linux 下均有对应的版本。

① 运行 FileZilla 程序，弹出"欢迎使用 FileZilla"界面，单击"确定"按钮。在程序界面工具栏单击"文件"，在下拉菜单中选择"站点管理器"，或者使用快捷键 Ctrl+S。

② 在"站点管理器"界面单击"我的站点"，并在下方选择"新站点"。

③ 在左侧的"新站点"处输入站点名称，并在右侧的"通用"标签中按如下说明来填写。根据自己的实际情况填写好后，单击"确定"按钮。

主机：远程 FTP 服务器 IP 地址。

端口：远程 FTP 服务器端口（常规端口 21，不填写也可）。

服务器类型：选择 FTP-FileTransfer Protocol。

登录类型：若 FTP 服务器设置了密码，则使用"一般登录类型"；若 FTP 服务没有设置密码，则使用"匿名登录类型"。

用户：FTP 服务器登录的用户名。

密码：FTP 服务器用户名对应的密码。

账号：填写账号。

注释：填写有关此 FTP 服务器连接的注释。

④ 连接 FTP 服务器。单击程序界面"管理服务器"右侧向下的小箭头，选择已创建的 FTP 站点。

提示：连接 FTP 服务器，也可以在"文件"→"站点管理器"界面选择相应的 FTP 站点后，单击"连接"按钮。

⑤ 成功连接 FTP 服务器后，将左侧"本地站点"中的网站程序拖动到右侧的"远程站点"中，即完成了网站程序的上传。

通过以上步骤后，就可以使用 FileZilla 来上传网站程序了。使用 FileZilla 还可以实现配置速度限制、文件过滤、管理书签及搜索远程文件等功能。

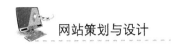
网站策划与设计

第6节 网站的发布

在完成本节之前的操作后,就可进行网站的发布了。发布网站需要两个信息:域名和空间地址。通常,域名可以在域名供应商提供的后台控制面板进行配置,空间的 IP 地址可以通过联系网站空间供应商获得。

要将网站发布出去,需要将域名解析到网站空间。本节通过万网的后台示例来讲解如何进行域名解析。

在域名注册商那里注册了域名之后,需要对域名进行解析才可以看到网站的内容。域名和网址并不相同。域名注册好之后,只能说明拥有了此域名,但若不对域名进行解析,它就不能发挥应有的作用。以下是使用万网控制台进行域名解析的示例,其他域名提供商提供的域名解析配置与万网的类似。

① 首先使用本章介绍的申请域名的方法登录到万网的用户控制面板,然后在左侧的"会员中心"中单击"域名管理",进入"域名信息"界面。

② 在"域名信息"界面单击"域名解析",进入相关的页面。在"便捷主机域名解析"选项中输入主机服务器的 IP 地址(即网站空间地址),然后单击"新增"按钮。

③ 可以在"域名解析记录"中查看添加的信息。

域名解析通常在 2 小时内生效,具体要参考每个地区的 DNS 刷新速度。经过上面的这些操作后,即可使用域名直接访问搭建好的网站。

第 11 章

后期如何维护网站

好的网站不仅需要完美的制作,还需要后期的维护。由于互联网的发展状况在不断地变化,网站的内容也需要随之调整。经常给人新鲜的感觉,网站才会更加吸引访问者,给访问者留下良好的印象。

这就要求收集访问者对网站的评价信息,并对站点进行长期、不间断的维护和更新。特别是在网站推出了新产品或者有了新的服务项目内容、有了大的动作或变更时,都应该把状况及时地在网站上反映出来,以便让访问者及时了解详细状况。网站运营者还可以及时得到相应的反馈信息,以便做出合理的处理。

第 1 节　网站的使用情况

在网站运营过程中,管理员应该对网站的使用情况有很清晰的了解,要时刻关注搜索引擎的排名、网站的流量及网站的反馈信息,这样才能保证网站在良性的条件下发展。

一、网站的搜索排名

在搜索引擎中检索信息都是通过输入关键词实现的,网站的搜索排名也是指通过搜索关键词得到的。正因如此,网站关键词的选择非常重要。它是整个网站登录过程中最基本、最重要的一步,是进行网页优化的基础,如何

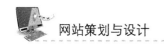

强调其重要性都不过分。所以，在对网站进行优化前，应根据网站内容，为网站选择一个恰当的关键词。

影响搜索引擎排名的因素有许多，但是只要掌握了一些基础的知识，在网站的后期优化中少犯错误，网站慢慢就会有好的排名。以下列举出一些可以提高搜索排名的途径：

（1）网站关键词

网站的标题出现关键词，网站的内容页面也要出现关键词，首页的图片页面 Alt 属性中也尽量含有网站的关键词，站内的部分锚点链接最好也含有关键词。但切记，关键词不是越多越好，首页的关键词占整个网站的 2%～3% 即可。

（2）导入关键词链接

从权重比较高、内容相似的网站上导入关键词的锚点链接，这一点很容易被人理解，搜索引擎抓取其他网站页面时，会发现某个关键词的链接是指向网站的。对于搜索引擎来讲，这条链接起到了说明作用，说明网站和某个关键词是有关联的。

（3）写带有网站链接的软文

通过写软文来提高网站排名的方法不可小视，它的道理和做友情链接大同小异。通过发布软文，搜索引擎抓取软文页面，发现导入网站的关键词链接，同样会起到说明的作用。

二、网站的流量统计与分析

网站流量统计是一种可以准确分析访客来源的辅助工具，便于网站管理者根据访客的需求增减或者修改网站的相关内容，便于更好地提升网站转换率，提高网站流量。

网站流量统计可以实现以下功能：

① 精确统计访客的具体来源地区和 IP 地址。

② 精确统计目前网站在线多少人，具体访问了哪些页面。

③ 精确统计访客是通过哪些页面搜索关键词的，访客浏览的是哪些

第 11 章 后期如何维护网站

页面。

④ 精确统计访客的操作系统是什么，分辨率是多少。

⑤ 精确统计访客的浏览器是什么版本，是 IE6、IE7、Chrome 还是火狐。

⑥ 精确统计网站粘贴率、回头率是多少，浏览多少页面。

⑦ 精确统计网站的分时统计、分日统计、分月统计、实时统计、在线访问哪个页面。

获取网站访问统计资料通常有两种方法：一种是通过在自己的网站服务器端安装统计分析软件进行网站流量监测；另一种是采用第三方提供的网站流量分析服务。

实现网站统计最简单的方式是通过第三方提供的网站流量分析服务。目前有许多网站提供流量统计的服务，如百度统计、站长统计、我要啦统计及量子恒道统计等。本节以量子恒道统计为例来讲解如何实现网站流量统计。

① 登录量子恒道统计 http://www.linezing.com/，并注册一个用户。注册成功后，页面中会有"添加网站"的提示，选择添加网站并填写网站的相关信息，之后会得到统计代码，将统计代码复制到想要统计的 HTML 网页代码中，就可以对网站进行流量统计。

② 开始统计后，量子恒道统计的用户在控制面板页面中可以看到网站的大致情况，如 PV、UV 及 IP 等。单击"详细数据"可以查看网站流量的详细数据。

③ 详细数据的分类统计达十多项，如最近访客、时段分析、每日分析、关键词分析及综合报告等。

综上所述，流量统计在网站的运行中起到了举足轻重的作用，更是优化网站必备的工具之一。使用网站流量统计对网站会有以下几点作用：

① 及时掌握网站推广的效果，减少盲目性，以便准确地对网站做出调整。

② 分析各种网络营销手段的效果，为制订和修正网络营销策略提供依据。

③ 了解用户访问网站的行为，为更好地满足用户需求提供支持。

④ 帮助了解网站的访问情况，提前应对系统和数据库负荷问题。

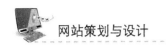
网站策划与设计

⑤ 根据监测到的客户端访问信息来优化网站设计和功能。

⑥ 通过网站访问数据分析进行网络营销诊断，对各项网站推广活动进行效果分析、网站优化状况诊断等。

网站流量分析是指在获得网站访问量基本数据的情况下，对有关数据进行统计和分析，从中发现用户访问网站的规律，并将这些规律与网络营销策略等相结合，从而发现目前网络营销活动中可能存在的问题，为进一步修正或重新制订网络营销策略提供依据。当然，这样的定义是站在网络营销管理的角度来考虑的，如果出于其他方面的目的，对网站流量分析还会有其他相应的解释。

网站访问统计分析的基础是获取网站流量的基本数据，这些数据大致可以分为3类，每类包含若干数量的统计指标。

（1）网站流量指标

网站流量指标常用来对网站效果进行评价，主要指标包括：

① 独立访问者数量（Unique Visitors）。

② 重复访问者数量（Repeat Visitors）。

③ 页面浏览数（Page Views）。

④ 每个访问者的页面浏览数（Page Views Per User）。

另外，还有某些具体文件、页面的统计指标，如页面显示次数、文件下载次数等。

（2）用户行为指标

用户行为指标主要反映用户是怎么来到网站的、在网站上停留了多长时间及访问了哪些页面等，主要的统计指标包括：

① 用户在网站的停留时间。

② 用户所使用的搜索引擎及其关键词。

③ 用户来源网站（也叫"引导网站"）。

④ 在不同时段的用户访问量情况等。

（3）用户浏览网站的方式

用户浏览网站的方式是指用户通过哪种工具、浏览器来访问网站，用户

第 11 章　后期如何维护网站

浏览网站的方式相关统计指标主要包括：

① 用户上网设备类型。

② 用户浏览器的名称和版本。

③ 访问者电脑分辨率显示模式。

④ 用户所使用的操作系统名称和版本。

⑤ 用户所在地理区域分布状况。

通过对网站的流量统计和分析，可以更加有效地了解访客需要什么样的信息，从而对网站做出正确的调整，使网站的价值得到提升。

三、网站浏览者的反馈信息

要想得到浏览者的反馈信息，不是仅仅通过网站的流量统计和分析就可以得到的，这是一种被动的方式，得到的只是数据。所以，还应该通过其他的途径得到反馈信息。例如，在网站某处建立用户反馈信息表、定期地给用户发送反馈信息邮件及通过即时通信工具和用户交流来了解他们对网站的意见。

第 2 节　网站内容的更新与维护

网站内容的更新与维护是网站优化中非常重要的工作内容。不仅要保证访客可以浏览到网站的最新信息，还要保证搜索引擎随时会抓取到网站中新鲜的页面内容。

网站内容更新应充分考虑到以下几点。

（1）使用管理程序来更新网站

更新一个网站的工作量是根据网站大小来衡量的。一些内容少且功能少的网站，可以使用一些网页设计软件的模板功能来更新网站；若是内容多且网站功能多的大网站，就需要一个方便管理的网站管理程序来对网站进行更新，从而大大减少工作量。这些工作也需要在建立网站前考虑好。

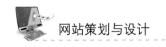

（2）网站内容的原创性

应保证网站内容的原创性，如果做不到原创，也要尽量伪原创，这么做的目的有两点：一是使用新鲜、原创的网站内容来吸引访客；二是因为网络上重复的内容太多，保持网站的原创内容将更加有利于搜索引擎的收录和排名的提高。同时，更新的网站内容也要与网站的主题有关联。

（3）有规律地更新网站

要根据网站的实际情况有规律地更新网站，尽量保持一个固定的更新周期。这样，无论从用户体验还是搜索引擎收录方面来讲，都是有利的。

（4）网站的更新深度

更新深度指的是对网站子目录的更新，即更新时不应只更新网站的首页，还应该更深层次地对网站的子目录做相应的更新。当然，实现对网站的深度更新会花费很大的工作量。网站保持一个平衡的更新频率可以使网站长期稳定发展，更新的深度是要给那些存在时间长且重要性依旧很高的页面添加新鲜的"血液"。

除了平时对网站的更新，网站维护也是个艰巨的工作。当网站变得十分庞大时，将会存有不计其数的图片、网页文件及数据库文件等。只要它们有一个丢失或链接失效，都会引起网页错误，甚至使网站无法打开。所以一定要保证整个网站的健康和数据文件的完整。

为了使网站健康良好地运行，在新建网站之前，应该在网站设计软件中建设一个本地网站，也就是本地电脑上的网站副本。这样，经过对网站的不断更正和调试后，能有效减少网站错误。另外，还要时常检查网站的链接是否有误，现在大多的网站设计软件都有这个功能，可以合理地应用。

此外，在部署网站的文件时，还应该科学地存放不同类型的文件。例如，将网站中的网页、图片及数据文件都分别存在不同的文件夹里。在以后网站的运营中，网站的内容和文件会越来越多，甚至需要为每一个栏目建立一个文件夹，例如将有关音乐栏目的文件放在一个"Music"文件夹里，将有关图片栏目的文件放在一个"Picture"文件夹里，这样在以后对网站的维护工作中会减少许多不必要的麻烦。

第 11 章 后期如何维护网站

第 3 节 网站安全防范

黑客攻击是对网站安全的最大挑战。虽然网站服务器管理人员都采取了多种防范措施，使自己的网站更加安全，但是现在许多黑客依然可以突破安全防范措施，攻入 Web 网站的内部窃取信息。造成这个结果的原因往往是管理人员没有正确认识各种安全防范措施的功能特点，对自己 Web 网站的安全做出了错误的评估。

一、Web 攻击的主要手段

目前 Web 技术在客户和服务端的广泛利用，导致黑客们越来越倾向于使用各种攻击手法来针对 Web 应用进行攻击,即绕过了防火墙等常规防护手段,也使攻击手段更加简便和多样化，令人防不胜防。若想进行防范，就要了解对方是如何攻击的，以下是几种常见的攻击手段，希望读者可以从中得到启发，从而更进一步的优化网站。

（1）桌面漏洞

Internet Explorer、Firefox 和 Windows 操作系统中包含很多可以被黑客利用的漏洞，特别是在用户经常不及时安装补丁的情况下。黑客会利用这些漏洞在不经用户同意的情况下自动下载恶意软件代码，也称作隐藏式下载。作为网站的管理人员，也要了解不同客户端的相关安全信息。

（2）服务器漏洞

由于存在漏洞和服务器管理配置错误，Internet Information Server（IIS）和 Apache 网络服务器经常是黑客攻击的对象。这就需要网站的管理人员定期对网站服务器的安全进行全面的检查，以修复服务器的漏洞，从而减少网站被攻击的可能性。

（3）Web 服务器虚拟托管

同时托管几个甚至几千个网站的服务器也是被黑客恶意攻击的目标。虽

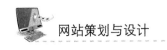

然它们是多个网站主体,但是因为它们架设在同一台网站服务器上,面临的是同一个服务器的安全性问题。所以,若网站使用的是虚拟托管,也需要对同一台 Web 服务器上的其他网站做适当的安全评定。

(4)显性/开放式代理

被黑客控制的计算机可以被设置为代理服务器,躲避 URL 过滤对通信的控制,进行匿名上网或者充当非法网站数据流的中间人,从而截取网站与访客之间的通信数据。网站的管理人员需要对网站的过滤通信有所了解,以避免信息被截取。

(5)网站上广泛使用移动代码

在浏览器中禁用 JavaScript、Java Applets、.NET 应用、Flash 或 ActiveX 应该是个好主意,因为它们都会在计算机上自动执行脚本或代码,但是如果禁用这些功能,很多网站可能无法浏览。任何接受用户输入的 Web 应用(博客、论坛、Wiki、评论部分)都可能会在无意中接受恶意代码,而这些恶意代码可以被返回给其他用户,除非用户的输入被检查确认为恶意代码。在网站设计之初,需要很认真考虑这些问题。

除以上几点外,还有很多 Web 攻击手段。在今后新旧技术的更替中,将会有更多的方式和途径影响网站的安全,网站的管理人员不仅需要了解这些安全信息,还需要找出应对的措施,以便网站健康、良好地运营。

二、数据库的安全防范

数据库是网站运营的基础和生存要素,无论是个人网站还是企业网站,只要初具规模且有一定的用户访问量,都离不开数据库的支持。所以,如何保证网站数据库的安全也是网站管理的重中之重。

本节以常用的两种数据库 Access、SQL Server 为例,讨论网站数据库的安全防范措施。

1. Access 数据库安全

对于个人网站来说,受到建站条件的制约,Access 数据库成了广大个人网站站长的首选。然而,Access 数据库本身存在很多安全隐患,攻击者一旦

第 11 章 后期如何维护网站

找到数据库文件的存储路径和文件名（后缀名为.mdb），Access 数据库文件就会被下载，网站中所有重要的信息也就全部暴露，这对网络来说非常危险。防范方法如下。

（1）修改数据库文件后缀

将 Access 数据库的后缀.mdb 修改为.asp，这样可以减少数据库被猜到的可能性，从而达到保护的效果。但实际上，.asp 的数据库文件还是直接输入 Web 浏览器的，仅仅是更改了文件后缀，因为 ASP 文件中只有在""标志符间的内容才会被 IIS 服务器处理。这说明单纯地将数据库文件名的后缀.mdb 改为.asp，可能还是存在安全隐患。

（2）使用复杂的数据库名

想要从网站中下载 Access 数据库文件，首先必须知道该数据库文件的存储路径和文件名。如果将原本非常简单的数据库文件名修改得更加复杂，那么那些"不怀好意"的访问者就要花费更多的时间和精力去猜测数据库文件名，无形中增强了 Access 数据库的安全性。

提示：很多 ASP 程序为方便用户使用，将它的数据库文件都命名为"data.mdb"，这大大方便了有经验的攻击者。如果将数据库文件名修改得复杂一些，他人就不易猜到。如将"data.mdb"修改为"DI3 ji4 x9 i2 Fgha.mdb"，然后修改数据库链接文件中的相应信息，这样 Access 数据库就相对安全一些。此方法适合那些租用 Web 空间的用户使用。

（3）改变存储位置

常规情况下，Access 数据库文件存放在相应的 Web 目录中，很多黑客就是利用这种规律来查找并下载数据库文件的。因此，可以采用改变数据库文件存储位置的方法，将数据库文件存放在 Web 目录以外的某个文件夹中，让黑客难以猜测存储位置。然后修改好数据库连接文件（如 conn.asp 文件）中的数据库文件相应信息，这样 Access 数据库文件就安全多了。即使攻击者通过链接文件找到数据库文件的存储路径，但由于数据库文件存放在 Web 目录以外的地方，攻击者也就无法通过 HTTP 方式下载数据库文件。

以上方法在不同程度上增强了 Access 数据库文件的安全性，但毕竟网络环境是复杂的，黑客的破坏手段也在不断提高，用户应该根据自己的需要，配合使用其中的多种方法，才能达到理想的效果，Access 数据库文件才会更安全。

2. SQL Server 数据库安全

SQL Server 是一些大型的网站使用的数据库程序，它本身具体一定的安全性，与 Access 相比，运行速度也快许多，对网络环境的要求也比较复杂。但没有一种数据库是绝对安全的，在 SQL Server 的使用中也应该使用一些技巧来提高安全性。

（1）数据加密

SQL Server 使用 Tabular Data Stream 协议进行网络数据交换，如果不加密，所有的网络传输都是明文的，包括用户名、密码及数据库内容等，这是一个很大的安全威胁，能被人在网络中截获到数据信息。所以，在条件允许的情况下，最好使用 SSL 来加密协议，当然，这需要一个证书来支持。

（2）安全账号策略

由于网络数据库往往都是面向多用户多访问的，用户不同，访问要求和访问权限也不一样。对于网站数据库来说，访问用户多种多样，按权限大致可将用户划分为最终用户、数据库系统管理员、数据库管理员和超级用户。

由于 SQL Server 不能更改 SA 用户名称，也不能删除这个超级用户，所以必须对这个账号进行最强的保护，最好不要在数据库应用程序中使用 SA 账号，只有当没有其他方法登录到 SQL Server 实例（例如，当其他系统管理员不可用或忘记了密码）时才使用 SA。建议数据库管理员新建立一个超级用户来管理数据库。安全的账号策略还包括不要让具有管理员权限的账号泛滥。

（3）周期性备份数据库

建立严格的数据备份与恢复管理机制是保障网站数据库系统安全的有效手段。数据备份不仅要保证备份数据的完整性，还要建立详细的备份数据档案。系统恢复时，如果使用不完整或日期不正确的备份数据，都会破坏系统数据库的完整性，导致严重的后果。

第 11 章 后期如何维护网站

理想的网络数据库安全防护应考虑的因素还有许多，针对不同的数据库环境，也有多种不同的解决方案，在网站的运营过程中也应多花一些时间对数据库的安全进行检查和维护。

三、网站的备份

要保障网站的安全，除了对涉及 Web 服务的各个技术层面，如防火墙、路由器、服务器、操作系统、Web 服务软件等相关的安全进行防范外，网站的备份和恢复也是一项重要的防护措施。它可以保证网站在遭受攻击、破坏或由于其他原因而出现故障时，能够及时地恢复正常，从而确保业务不受影响。

网站管理员的日常网站维护一般都是在服务器或虚拟主机上进行的，如果在修改资料时由于自己的误操作而导致资料被删除，那么如果有备份网站文件数据，就可以轻松地将其恢复。网站文件备份大致可以分为两种方式：

① 完全备份。完全备份是将网站的所有文件全部备份，可以通过 FTP 的方式连接到远程服务器，并将网站文件复制到本地，来实现备份的目的。

② 差异备份。网站建立完成后，考虑有些网站文件还需要做适当修改，可使用差异备份，将做过修改的网站文件通过 FTP 的方式复制到本地。

互联网的发展也带动了黑客技术的发展，要避免被黑客攻击而产生损失，网站数据库备份将是有效的手段。如果网站的数据库经常更新，那么一旦网站被攻击造成数据库损坏，可以用备份的数据进行数据库恢复，然后找到程序的漏洞，及时打上补丁，就可以解决所有问题。

因数据库的种类很多，备份方式也多有不同。以下是几种常用的数据库备份途径：

Access 网站使用 Access 数据库，可将网站数据库文件夹下的.mdb 数据文件直接下载到本地，以实现数据库备份。

SQL Server 网站使用 SQL Server 数据库，在使用 SQL Server 数据库的时候很重要的一点就是开启数据库的远程连接，才可远程到网站服务器中，在企业管理器中，选中相应的数据库，然后将其导出。

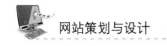 网站策划与设计

　　My Server 网站使用 MySQL 数据库,可以使用 phpMyadmin 程序在浏览器中对数据库进行管理。和 SQL Server 一样,使用它的导出功能将数据库导出即可。

　　在网站运营中,备份是一个网站管理员必须养成的习惯,并且极其重要。在网站的备份和恢复方面并没有现成的解决方案,需要根据自身的业务需求及网络的运行环境来制订切实可行的方案。

第 12 章

网站推广策划技巧

第 1 节 为什么要推广网站

为什么要推广网站呢？简单来说，至少有如下 4 个原因。

原因一，并不是所有人都知道你的网站。

网站建设好以后，发布到互联网上，人们可以直接输入网址或者通过其他网站访问站点。但是，并不是所有人都知道你的网站地址，仅中国目前就有超过 500 万个网站（根据 2019 年中国互联网基础资源大数据平台的统计数据），并且每天都有新的网站诞生，新建的网站往往很快就陷入了网站的汪洋大海里面，让用户在大海里找到你的网站，不是一件很容易的事情。

原因二，即使知道了网站地址，也并不是所有人都对网站的内容和服务感兴趣。比如，如果网站是提供股票信息服务的，而用户只对游戏感兴趣，那么即使知道了网站网址，但是对该用户来说，也不会有兴趣成为网站的用户。

原因三，还存在同质竞争的网站。

互联网网站是一个可以通向全球的大平台，比如，销售儿童用品的网站，可以通过网站把产品推广到全世界，但是同时其他推广儿童用品的网站也具有同样的功效。所以，推广网站还必须面临网站竞争者。只要有竞争者的存在，搜索引擎首页出现的同类网站肯定就不止一家。

原因四，产品的品质并不是成功的唯一原因，推广的作用不可替代。

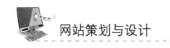

好的产品并不一定最终取得成功。在这个世界上,有很多很出色的产品,但是因为没有很多人知道它,因此并没取得成功。而品质一般的产品如果被很多人知道,反而可能取得成功。

那么如何让更多人知道你的网站?如何让更多人了解你的网站并使用你的网站的服务?这是网站推广的两大核心问题。

必须要把网站推广提高到跟网站产品策划和运营同等重要的战略层次,不管网站策划有多么符合用户的需求,运营有多么出色,如果没有网站的推广,这个网站可能不会成功。所以,推广也是网站策划中需要高度重视的一个方面。

如果做出一个不是特别出色的网站,其具备基本功能,但是如果能让很多上网的人都能接触到这个网站,那么这个网站成功的概率就会更大。

第 2 节 如何推广网站

进行网站推广需要策划,这样才能事半功倍。网站推广策划大致需要考虑如下 3 个方面:

① 分析网站目标用户群的行为方式;
② 考察和评估其他网站的推广方式;
③ 网站推广方式的成本和收益的估算。

在做完以上 3 个方面的研究之后,确定网站的推广计划。

一、分析网站目标用户群的行为方式

推广网站首先必须要有战略方向。这个战略方向的起点在于网站目标用户群。网站的定位决定了网站的目标用户群,而根据这个目标用户选择推广的方式,才能起到推广的效果。

所以,网站推广的第一步,就是要分析网站目标用户群的行为方式。比如育儿网站,目标用户群应该是相当清晰的,都是针对已怀孕的准妈妈和新生婴儿的妈妈。理解这部分用户群体的上网习惯和生活习惯是确立网站推广战略的第一步。比如，在线 K 歌网站的推广、手机照片网站的推广、B2B 网站的推广，由于各个网站用户群的不同，推广的重点和策略也不同。

二、考察和评估其他网站的推广方式

首先，考察不是为了照搬，重要的是评估其推广的效果，还有从中学习到推广的技巧，这样可以减少摸索的时间。在中国，网站运营的历史已超过 10 年，各个网站都积累了很丰富的推广经验，现在的网站推广方式也多种多样。关于具体的推广方式，将在下一节详细介绍。

三、网站推广的成本和收益的估算

网站的推广方式非常多，是不是每个推广方式都要去做呢？如果时间、资金和人力都充足，进行较多的尝试效果会更好，但是在现实中，总会存在人才、资金及时间的成本限制，所以推广方式必须有所选择。并且从推广的效果来看，也存在 80/20 的问题，有些推广方式的效果非常好，有些推广方式的效果一般，有些推广可能花费了很多金钱，以及时间和人力成本，效果却很差。

所以，网站推广一定要考虑投入和产出的比例，如果投入与产出不成比例，可以放弃某些看上去好的推广方式，而集中精力采取更有效果的推广方式。

推广的另外一个原则就是要重视推广网站的终极目的，有些推广方式，比如短期的事件营销，虽然提高了网站的访问量和点击量，但这些用户并不一定是网站真正需要的用户，容易造成流量泡沫。所以，在推广方式的投入上，要做慎重的取舍。比如，如果推广的是 B2C 网站，比如卖宠物食品的网站，目的很简单，就是让更多的宠物食品购买者来网站购买宠物食品。这种情况下，假设曝光某个丑闻事件，在短时间内可能积聚了很多浏览者，但他们不一定会购买你的产品，从效果上来看，这个网站推广不能算成功。

网站推广策划的最后一步，就是在综合考虑如上因素的前提下，确定最适合自己的网站推广方式。具体的网站推广策划需要包括如下 3 个方面内容。

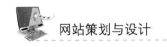

（1）网站推广的阶段性目标

需要制订一系列的推广具体目标，比如一个月、三个月、半年等每个时间段注册用户数达到多少，每日的新增用户数达到多少，网站的 PV 量的周增长率是多少，新用户转化为忠实用户的比例是多少等。有目标，推广才有真正的方向。举个例子，通过一段时间的推广，新用户注册数大量增加，但是忠实用户的数量增加很少。如果网站的阶段性目标以忠实用户为更大的目标，可能就需要考虑是不是推广方式出了问题，需要调整推广策略。

（2）网站在不同阶段采用不同的推广策略

在网站刚刚上线前期，可以按照上线前制订的推广计划进行推广。但是随着推广进入不同的阶段，需要随时调整推广的策划。比如，经过时间的验证，可能有些原本预想好的推广策划实际效果不理想，这就需要根据具体的阶段进行不断调整。

（3）建立推广的效果评估机制

在确定网站的推广方式之后，要建立一套推广的评估机制，这样才能对推广方式进行评估，进而选择最佳的推广方式。比如，针对论坛推广方式建立一个效果评估的机制，例如在这个论坛发帖，每次能带来多少次点击，不同的论坛带来的点击率是多少，不同帖子的效果有什么不同，在采用论坛推广方式期间，网站的新注册用户数是不是超过了往日的平均新增用户数等。

推广需要投入人力、资金和时间，这意味着如果采用了某些推广方式，就没机会去尝试其他的推广方式。推广也是存在机会成本的问题，所以，需要通过评估各种推广方式的效果，对推广方式做出取舍。

一个简单的评估表格见表 12.1，假设推广的目标就是新增用户数。表 12.1 不是通用的模板，具体的方式须根据网站自身情况来定。

表 12.1 推广方式效果评估例表

推广方式	推广预算/元	推广目标/人	实际效果/人	取舍
搜索引擎广告	100 000	日均新增用户 1 000	1 200	取
网吧渠道推广	500 000	日均新增用户 2 000	3 000	取

第 12 章　网站推广策划技巧

续表

推广方式	推广预算	推广目标	实际效果	取舍
校园推广	300 000	日均新增用户 3 000	800	舍

注：以上数据仅为假设，非真实数据，只做说明用。

从实际工作的角度出发，一般网站的产品策划和网站推广由不同的人员负责，推广负责人应该与产品策划负责人进行充分沟通，共同探讨网站推广的方法，以减少低效能的推广。

真正合适的推广方式需要根据网站自身的实际情况确定。比如新创建的网站的推广方式与已经有了一定用户数和知名度的网站推广方式重点不同，个人网站、企业网站和商业网站的推广方式不同，每个网站的资金、人力等方面的资源也有不同。所以，真正合适的推广方式只能按照具体的情况来定。

下面介绍目前网站的主要推广方式，通过学习已有的模式来激发灵感，找到属于自己的推广方式。

推广方式同样存在红海竞争的问题，如果所有的竞争对手采用的推广方式都相同，那么，推广的效果会打折扣，最终需要的是与众不同的营销策略，从而取得真正的成效。

第 3 节　目前网站的主要推广方式

网站的推广方式有很多，主要的方式有如下几种：

① 搜索引擎推广。

② 社区营销式推广。

③ 病毒营销式推广。

④ 商业资源合作推广。

⑤ 线下推广。

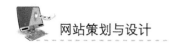

⑥ 其他形式的推广。

下面简单描述这几种主要的推广方式，真正适合自身的推广需要从实践中总结出来，本书更多的是起启发的作用。

第4节　搜索引擎推广

搜索引擎推广是目前网站推广最有效的方式之一，也是本章要重点描述的部分之一。

IMT Strategies 公司 2006 年 10 月的统计数据显示，网站推广方式中，"搜索引擎"是效率最高的形式，提及率高达 87%；其他途径形式有"自由冲浪" 6%、"口碑宣传" 4%，另外，"BANNER 广告"有 2%，"偶尔发现、报纸、电视"的提及率占 1%。

目前搜索引擎从大的分类来看，主要有两种：一是网络蜘蛛型搜索引擎，二是基于人工分类目录的搜索引擎。

网络蜘蛛型搜索引擎的推广方式主要有：

① 搜索引擎优化。

② 关键词广告。

③ 关键词竞价排名。

④ 网页内容定位广告。

人工分类目录的搜索引擎推广方式主要有：

① 登录免费分类目录。

② 登录付费分类目录。

在如上的搜索引擎推广方式中，对于初创的网站，特别是在资金、各种推广资源相对薄弱的情况下，搜索引擎的优化推广尤其重要，最值得重视。

首先介绍一下搜索引擎优化的推广方式。搜索引擎优化英文为 Search Engine Optimization（SEO），其目的是让网站被搜索引擎收录，并且在检索结

第 12 章 网站推广策划技巧

果中排名靠前。为了做到这一点，需要针对各种搜索引擎的检索特点，让网站建设和网页设计的各种要素适合搜索引擎的检索原则，也就是采取一系列让搜索引擎感觉友好的措施。比如，对于基于 META 标签检索的搜索引擎，在 META 标签中设置有效的关键词和网站描述，对于以网页内容相关性为主的蜘蛛型搜索引擎，则可以在网页中增加关键词的密度，或者专门为搜索引擎设计一个便于检索的页面（如 sitemap.htm、roberts.txt）。

不过，在做搜索引擎优化的过程中，要注意的问题是搜索引擎优化本身不是目的。通过采取针对搜索引擎的优化措施，提高网站的流量，但是这只能把用户带过来，留住用户还是要靠网站的内容和服务。所以不要把精力全部放在一些提高搜索结果排名上，甚至去做一些作弊的事情，应该将更多的精力放在网站本身的产品和服务上。

做一个对搜索引擎友好的网站，涉及网站策划、网站的建设和运营整个过程，需要策划人员、网页设计人员、技术开发人员、运营人员及推广人员都对过程有所了解。下面从主机和域名选择、关键词选择、链接策略及网页优化等方面介绍搜索引擎的优化措施，更多的优化措施可参考专业搜索引擎优化网站及搜索引擎优化师的意见，最好在实践中验证并积累经验。

一、主机和域名的选择

选择主机时，考虑问题的出发点不只是价格，更重要的是服务的稳定、可靠和安全。主机对网站的搜索引擎排名影响很大，那么如何选择主机服务提供商呢？在选择主机服务提供商时，但不能只考虑价格低廉而牺牲了服务。首先要注意的是，不能选择免费的主机。免费主机会出现诸如服务器超载、速度慢等问题，甚至是经常宕机或者关闭服务。其次，在收费的主机提供商中，要选择服务稳定的提供商。如果网站经常打不开，下载速度慢，搜索引擎可能就会放弃收录。最后，还要考虑域名，查看域名有没有被惩罚过的记录。所以，申请新域名时，需要确认该域名是否有过前科，如果被搜索引擎惩罚过，则不利于被搜索引擎收录。

中小企业网站或者个人网站往往会租用虚拟主机，多个网站共享一台服

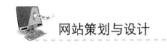

务器和 IP 地址，这种情况下，如果共享主机的其他网站被搜索引擎惩罚过，那么该 IP 下的其他网站可能也会受到不良影响。

二、关键词的选择

这是搜索引擎优化的关键。搜索引擎关键词的优化主要包括如下 3 个方面：
① 挑选关键词。
② 关键词的密度。
③ 关键词的位置。

1. 挑选关键词

在做一个旅游公司的网站时，首先要确定核心的关键词，即旅游。例如做一个汽车租赁网站，核心关键词就是汽车租赁。然后围绕关键词进行排列组合，产生词组或者短句。确定关键词要考虑如下几个因素。

（1）从用户搜索信息的角度考虑问题

如果用户想旅游，可能会输入"旅游公司""旅游景点""旅游线路""旅游网站""旅游报价"等关键词。如果用户想买汽车，可能会输入"汽车报价""汽车租赁""汽车图片""汽车网站"等，或者直接输入汽车品牌，比如"宝马""奔驰""君越""锐志"等。

（2）关键词要明确具体

用户在查找信息时，使用的往往是具体的词汇或者组合，宽泛的关键词不利于让目标用户搜索到想要的信息。如果使用宽泛的关键词，搜索结果排名的竞争对手会很多，很难从里面脱颖而出。如果网站是做汽车配件服务的，使用"汽车配件"作为关键词好于使用"汽车"作为关键词。

下面举个简单的例子。在谷歌中输入"汽车"关键词，首页出现的基本是门户网站的汽车频道，作为一个汽车配件公司，在这个关键词上要想获得好的排名，基本上不可能。

当输入"汽车配件"关键词时，搜索的结果则不同，有很多汽车配件网站获得了很好的排名。

如果是地方性的企业，可以加上地区名称，再次缩小范围。例如北京的汽车配件服务商，如果在关键词里加上"北京"。在"汽车配件北京"关键词搜索的结果中，排名第一的"北京西郊汽配城首页"，而在"汽车配件"作为关键词的搜索结果列表页中，它却连前5页都进不去。

（3）考虑竞争对手

如果该关键词搜索量大，竞争对手可能会比较多。在 2007 年 7 月 25 日进行百度竞价查询时发现，汽车配件的竞价排名一共有 67 个厂商，竞争非常惨烈。而"汽车配件价格"和"汽车配件报价"却没有任何一个厂商做竞价排名。这两个关键词在百度的"汽车配件"相关搜索中，搜索次数排名分别为第二位和第五位，属于用户最常搜索的关键词。如果做这两个关键词的搜索引擎优化，也许效果比竞价排名的厂商还好。即使是做竞价排名，至少也要选择这两个关键词，这样用户搜索这两个关键词时更容易发现并选择你。

此外，如何去判断竞争对手是否强大？可以看看搜索结果页中，其搜索的关键词是否在其 title 里面的关键地方出现，以及它出现的次数多少。如果这个关键词已经优化了，可以打开该网站看它的代码是否已优化，以及其他外部链接及 meta 属性等。如果是在百度，产品类的关键词，可以查询百度竞价（http://jingjia.baidu.com/）。如果竞价的关键词太多，可以放弃或者选择其他关键词。当然，直接竞价也可以，但需要考虑推广的费用预算是否可以承受。

2. 关键词的密度

关键词的密度，也就是关键词在网页中出现的次数。关键词在网页中出现的次数占到总文字比例的 2%～8%比较合适，如果小于 1%，关键词密度就会过低；如果高于 8%，则密度过高。合适的密度对于搜索引擎优化起到重要的作用。比如，如果是达到 3%，那么在平均 100 个文字中最好包含 3 个关键词或关键词组，如果是 1 000 个里面，只有 3 个关键词或关键词段，那么关键词就被稀释了，就不能引起搜索引擎的重视了。不过，关键词或关键词段不要堆积在一起，否则容易被搜索引擎视为恶意欺骗行为，降低网站的排名。

除了关键词的密度外，也需要控制关键词的数量。一个网页的关键词最好只有 1 个，最多不超过 3 个，并且整个网页内容都围绕这个关键词。搜索引擎对于主题明确的网页比较友好。

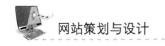

3. 关键词的位置

关键词的位置主要有如下几处。

（1）在网页代码中的 title、meta 标签中出现关键词

比如一个小游戏网站的关键词是"小游戏"，可进行如下设置：

```
<title>小游戏，在线小游戏，flash 小游戏</title>
<meta content="游戏频道" name=description>
<meta name="keywords" content="小游戏，在线小游戏">
```

（2）正文内容部分出现关键词，但是需选择重点

最好放在页面顶部、左侧、标题及正文前 200 字以内。这些地方是用户最容易阅读的地方，对关键词的排名有帮助。

（3）其他出现关键词的地方

比如 header 标签，也就是正文标题<Hl><Hl/>中的文字，标题行出现关键词能够比较容易引起搜索引擎的重视。图片 alt 属性可加入关键词，也有利于排名的提升。

三、网站链接策略

一个网站有多少高质量的链接指向自己，对于其排名非常关键。因为外部链接是提高网站 PR 值很重要的环节，而 PR 值直接影响网站的排名，尤其是在谷歌的排名。所谓 PR 值，全称是 PageRank，它是谷歌衡量一个网站重要性的指标。PR 值越高，说明该网页在搜索排名中的地位越重要。也就是说，在其他条件相同的情况下，PR 值高的网站在谷歌搜索结果的排名中有优先权，而增加有质量的外部链接对 PR 值很有作用。

首先，不要盲目制作外部链接，如果外部链接质量不高，反而不利于提升排名。导入的链接只有是高质量的，才能提高网站的 PR 值，例如 PR 值不小于 4 的网站、原创内容多的网站、与自己网站主题相关的网站及已加入搜索引擎目录的网站等。

其次，获得高质量的外部链接，方法如下。

① 寻求网站的合作，比如进行交换链接，当然网站创立开始时，很难得

到其他高质量网站的交换链接。一般来说，只有自己的网站具有较高质量，其他网站才愿意交换链接。这种情况下，如果有其他资源，可通过资源互换来获得链接，或者通过其他商业合作的方式解决问题。

② 除了交换链接外，还可以通过在一些重要站点发表文章来获得高质量的外部链接，重要站点包括比较出名的博客网站、行业内知名的网站等。在这些网站上发表与目标关键词相关的文章，并在文章内容中或者结尾处很自然地附上网站地址，这既是网站的软性推广，也可以获得高质量的外部链接。搜索引擎比较喜欢搜索原创性的博客文章，这时通过搜索引擎也可以把用户导入网站。

③ 可向搜索引擎目录提交自己的网站，如果是企业网站，还可以向相关行业的黄页目录提交网站。

最后，除了导入链接外，适当地导出链接和进行内部链接也有利于提高搜索引擎的排名。导出链接是指从你的网站指向其他网站的链接，不过导出链接的网站内容最好是与自己的网站内容相关联的，并且导出的数量不宜多，最好不超过 100 个。内部链接是指网站内部页面的链接，网站内容的页面链接非常多，比如看完一篇文章、一张图片、一个视频等内容之后，常常在其旁边可看到同一主题的文章、图片或者视频的推荐链接。这样做的好处是，对于用户来说，可以看到感兴趣的其他相关内容；对于网站来说，可以提高流量，从而有利于搜索引擎的排名。当然，不管是进行内部链接还是导出链接，都不能是死链接。

四、网页的优化

网页的优化也是有利于搜索引擎优化的一个部分，比如网页减肥、图片优化、动态网页的静态化等。

1. 网页减肥

如果网页容量过大，会影响网站的加载速度，对搜索引擎也是不友好的，所以需要清除网页中的不必要代码，以减小网页文件大小，加快网页加载速度。网页制作采用 CSS 样式，通过 CSS 样式统一样式风格，并减少文件大小。

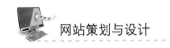

把所有 CSS 文件单独存放在命名为 CSS 的外部文件中。此外，还可以简化 JavaScript 中的函数名称及变量等。总之，需要通过优化高手实施诸如此类的代码优化措施。除此之外，从内容策划的角度来看，可以考虑少使用大图或者价值不大的交互功能等内容，以减小页面负担。

总之，需要通过各种方式把网页的容量减小，加快网站下载速度。

2. 图片及 Flash 优化

由于图片和 Flash 具有文本无法比拟的丰富表现力，网站的设计都喜欢使用图片和 Flash 等表达方式。但是，对于搜索引擎来说，是否具有友好性则是另外一回事了。

除了本身以图片为主要内容的图片网站外，一般网站最好尽量避免使用过多的大图和 Flash 页面。

但是网站作为一种多媒体平台，没有图片和 Flash 也是不可想象的。在不得不使用图片或 Flash 的情况下，可通过一些优化手段来增强对搜索引擎的友好性。比如图片优化，可设置 alt 属性，在图片的<IMG>标签中有 alt 属性，可在 alt 属性的文字描述中添加页面关键词，这样搜索引擎就可以通过读取该属性的文本描述来获知图片信息。比如一个卖汽车配件的网站上有一个不锈钢轴承的图片，可对该图片的 alt 属性进行优化，以利于搜索引擎的搜索。

例如,<img align="center"src="zhoucheng001.jpg"alt="不锈钢轴承 zhouchen001 轴承图片">图片的关键词是不锈钢轴承。此外，在图片周围，比如在图片下方加上描述文本，文本中需要包含关键词，比如刚才那张不锈钢轴承图的下面还可以添加包含"不锈钢轴承"的描述文本。最后，在可能的情况下，比如保持图片一定质量的情况下，适当压缩图像文件大小，以减少页面的容量。

Flash 网页让网站变得非常生动，用户也喜欢，但是大部分搜索引擎无法识别 Flash 中的信息。因此，如果通过搜索引擎优化，从网站推广的角度来看，如非必要，尽可能避免使用 Flash 作为网站首页。对于已使用 Flash 作为首页的网站来说，可在 Flash 内容中嵌入 HTML 文件，这样搜索引擎还有机会通过 HTML 代码发现信息。或者做一个辅助的 HTML 版本，这样可以保留原有

第 12 章 网站推广策划技巧

的 Flash 版本，同时搜索引擎可以通过辅助的 HTML 版本查找网页信息。

3. 动态网页的静态化

动态网页很难被搜索引擎检索到，一方面大多数搜索引擎的蜘蛛程序无法解读"？"后的字符；另一方面，动态数据的变化也会让搜索引擎搜索起来困难重重。

为了更好地解决这一问题，需要对动态页面实施优化。这需要程序人员的参与。比如通过 URL REWRITE 转向或基于 PATH-INFO 的参数解析，使得动态网页在链接（URI）形式上更像静态的目录结构，使搜索引擎方便收录等。总之，需要根据情况采用合适的静态化技术。

除了以上的优化措施外，搜索引擎优化还有其他措施，比如进行框架结构的优化、导航结构的优化、网站目录结构的优化、使用 DIV+CSS 等。

框架结构是指采用帧结构，包括 frame 和 iframe 框架结构，不利于被搜索引擎识别，难以抓取框架中的内容。如果网站使用了框架，可在代码中使用"Noframes"标签进行优化。也就是说，在<Noframe></Noframe>区域内存在指向框架页的链接，其中还包括有关键词的文本描述，与图片优化中在图片周围添加关键词一样，在框架周围也添加关键词，以让搜索引擎能够读懂框架信息。清晰的导航结构和合理的网站目录结构也是对搜索引擎友好的表现。最好在开始策划网站时把问题解决掉，网站运营一段时间之后再进行优化比较麻烦。所以，在做内容策划时，需要做好导航的易用性，对用户友好的导航也是对搜索引擎友好的导航。比如，如果一个网站访问的层级比较多，页面比较多，就需要一个很好的路径提示，告诉用户目前所在的页面位置，并同时提供可以让用户返回上一级目录及首页的链接。另外，需要重视主导航，因为主导航是一级目录，是通向其他重要页面的入口，必须在首页醒目位置显示出来。主导航最好使用文本链接，不使用图片链接。大的网站，比如新浪、搜狐，主导航都采用文本链接。最后，网站地图也是一种导航方式，如果网站内容庞杂，可以通过文本链接的方式制作一个网站地图页面。不过，地图里只突出重点栏目，地图链接不宜太多，谷歌建议网站地图的链接不超过 100 个。

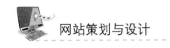
网站策划与设计

从网站的目录结构来看，需要对目录的层级、命名等细节做好优化工作。网站的目录层级最好不要超过3层，如果被访问的目标页面超过3层，被搜索引擎收录的机会就会减少。如果超过了3层，可采用二级域名的方式解决，由于二级域名可算作独立网站，搜索引擎把目录层次的第一层从二级域名开始算起。在命名上，目录名称和文件名称都可以使用关键词，如果是关键词组，需要使用连字符"-"分开词组。

搜索引擎喜欢简洁的代码，使用DIV+CSS标准制作的网站对搜索引擎更友好，并且由于增加了有效关键词占网页总代码的比重，也更有利于搜索。对于大型网站来说，采用DIV+CSS制作网页可缩减页面代码，提高页面速度并缩减带宽成本。

以上介绍了搜索引擎优化的部分措施，更多措施可参考搜索引擎优化专业人士的实践经验，并在自己的实践运营中获取更多经验。

最后，要再次提出的是，不要进行过度优化，避免演变成了优化而优化，这样耗时耗力，本末倒置，得不偿失。网站的内容和服务具有真正的用户价值才是最关键的。

除了搜索引擎优化之外，登录免费或者付费的分类目录，也有利于用户搜索到网站。对于新建网站来说，提交网站登录数据显得尤为重要。谷歌收录新网站一是靠向谷歌提交网站信息，二是靠网站的外部链接。在两种方式中，一般而言，直接向谷歌提交网站信息，网站被收录的速度相对较快。当然，如果谷歌对外部链接网站的评价较高，收录频率也高，新建网站被收录的速度也会较快。下面是中英文的网站登录地址，供读者参考用。

1. 中文搜索引擎的部分登录地址

百度：http://www.baidu.com/search/url_submit.htm

谷歌：http://www.google.com/intl/zh-cn/add_url.html

腾讯：http://www.soso.cn/wzjaddasp

搜狐：http://db.sohu.com/regurl/regform.asp?step=regform&class=

网易：http://tellbot.yodao.com/report

新浪：http://iask.com/guesUadd_url.php

TOM:http://search.tom.com/tools/weblog/log.php

天网:http://home.tianwang.com/denglu.htm

2. 英文搜索引擎的部分登录地址

google:http://www.google.com/addurl.html

dmoz(全球最大的开放式目录库):http://www/dmoz/org/add.html

Intelseek:http://intelseek.com/add_urLform.asp

HotBot:http://www.hotbot.com/prefs_filters.asp?prov=lnktomifilter=web

AddMe:http://www.addme.com/s0new.htm

Link it All:http://www.that-special-gift.com/ffa/links.html

Nationaldirectory:http://www.nationaldirectory.com/addurl/

WhatUseek:http://www.whatuseek.com/addurl-secondary.shtml

Walhello:http://www.walhello.com/addlinkgl.html

Scrubtheweb:http://www.scrubtheweb.com/addurl.html

InCrawler:http://www.incrawler.com/cgi-bin/dir/addurl.cgi

Searchit:http://www,searchit.com/addurl.htm

Splatsearch:http://www.splatsearch.com/submit.html

Surfgopher:http://www.surfgopher.com/addurl.htm

以上是搜索引擎登录的推广方式。此外，还可以进行搜索引擎的付费广告推广。比如百度的竞价排名和谷歌的Adwords广告。

首先介绍一下以百度为代表的竞价排名的关键词广告。

竞价排名的模式是由美国的著名搜索引擎Overture于2000年开创的，该搜索引擎于2003年被雅虎收购。国内竞价排名以百度为代表。竞价排名按照效果付费，是搜索引擎关键词广告的一种形式。

那么如何进行竞价呢？它按照付费最高者排名靠前的原则，对于购买相同关键词的网站来说，支付每次点击价格越高，在搜索结果页中的排名越靠前。这是付费搜索引擎营销的一种方式。

如何付费呢？按照点击效果付费，也就是点击付费广告（PPC），如果没有被用户点击，则不收取广告费。

这种点击付费广告有什么优势呢？首先，其广告的访问量相对稳定，而搜索引擎优化的稳定性和预知性较差。其次，通过点击付费广告，可对关键指标，比如客户的转化率等进行跟踪评估。还可以根据实际效果调整关键词策略，提升广告效果。再次，相对于搜索引擎优化的繁杂工作，比如找交换链接等，付费广告相对省力。当然，点击付费广告也有其不足，例如需要一定的推广预算。如果是热门关键词，由于竞争激烈，价格更高，对于创业的网站来说，资金问题往往是最大问题之一。如果换个角度，特别是从长期来看，搜索引擎优化的投资收益比点击排名要高。不过，不同的网站可根据自身的情况进行实际选择，没有固定的规则。

最后，如果决定要做付费的竞价排名广告，一定要选择性价比高的关键词。比如在百度竞价中，曾发现过这样的一种情况：用"汽车配件"作为关键词，有60多家企业在做竞价排名，而"汽车配件报价""汽车配件价格"等搜索量相差不大的关键词竟然没有任何进行竞价排名的企业。

再来看看谷歌的Adwords。

谷歌的关键词广告称为Adwords，出现在搜索结果页面的右侧，而左侧仍然是免费的自然搜索结果。比如输入"电脑"关键词，搜索结果页的左侧是赞助商广告，比如戴尔电脑等。

谷歌的关键词广告有哪些优势呢？首先，价格相对低廉，与大型网站的条幅广告相比，关键词广告价格比较低。同时，采用的是按点击付费的计价方式，相对于CPM的计价方式，更适合新建网站或者资金有限的网站，即使推广的预算相当低（比如几百元的预算），也可做谷歌的关键词广告。并且这个费用是在有点击的情况下才需支付的。这对于推广预算不大的小型网站来说，也是一个可以尝试的推广方式。其次，可控制广告预算。谷歌的关键词广告无最低费用的要求，可设置每天预算的上限，比如每天预算为100元或者是最高为1元的每次广告点击费用。再次，广告发布速度快，谷歌的关键词广告是实时显示的，所有的关键词和链接地址可自行设定、随时修改，广告投放比较高效。对于具有一定推广预算的网站来说，通过谷歌的关键词广告可带来相对稳定的用户。

最后，关键词广告与网站搜索引擎优化并不矛盾。如果能够稳定地出现在谷歌搜索结果第一页，那么也许采用付费广告的想法并不迫切。如果有一定的预算，可同时采取两种方式，以扩大推广效果。至于谷歌关键词广告的具体详情，可直接查看谷歌的 Adwords 的网页地址。

至于搜索引擎关键词广告的具体推广方式，可在网站建立之后的推广实践中自行总结经验找出。

第 5 节　社区营销式的推广

社区营销式的网站推广，实质就是利用社区平台的人群聚集，发布推广网站或者利用社区网站的人际关系，达到口碑营销的效果。社区包括论坛、博客、交友网站、聊天室、各种 Web 2.0 网站等。

社区推广可用多种载体，从文字、图片、音频到视频，都可以使用。可以去论坛发帖子；也可以到博客网站写专业的博客，进行各种软文推广；还可以通过热点音频、视频或者免费下载软件、好看的 PPT 等把网站推广出去。这些载体本身不是问题，关键是内容是否能够吸引用户的关注。如果关注度达到一定的程度，就能产生滚雪球效应，关注的人会越来越多。

在资金不足而创意丰富的阶段，可以自行设计并制作推广网站的内容，很多网站通过特定内容和事件进行推广，例如博客网通过木子美事件迅速发展起来，优酷网通过张钰事件提高了知名度。当然，在进行创意推广时，一定要创新，如果别人已经做了，再做相同的事情会产生边际效应递减规律，效果不一定会好，所以一定不要步人后尘。

这些能够吸引用户关注的内容通过社区传播出去后，就能成为一个很好的网站推广方式。

由于有创意的内容往往不容易获得，如果有一定的资金，也可以直接利用社区网站的用户资源，因为社区网站推广往往有自己的优势，例如可进行定向的广告投放。可以根据社区的人群进行区分，如卖攀岩等运动设备的网

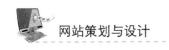

站可以把广告投放给该用户群体，卖婴儿用品的网站广告则投放给新生儿父母群体，而这两个群体所看到的网站广告也是不相同的。

下面介绍其中的几种推广方式，重要的是根据自己的网站特点进行量身打造，总结出适合自己的推广方式。

一、博客推广

博客文章的推广是一种非常好的软性推广方式。在各大博客网站发表自己的文章，在文章中提及自己的网站。做博客的软文推广，一要与网站内容相关，二要注意是否能够引起目标用户群的关注，三要坚持。

首先，文章要与网站内容相关。如果不相关，即使有人浏览，但是由于文章与网站内容不相关，那么就只是纯粹的博客，而不是一种软性推广。例如做商务交友的网站，可以写一些管理、理财等方面的文章，这是商务人士比较感兴趣的话题。

其次，博客文章要能够引起目标用户群的关注。如果博文没有什么可读的价值，即使写的话题本身是目标用户群关注的对象，这样的博文也是失败的。比如，推广商务交友网站，写博客文章的人本身在做管理，在投资理财方面并没有丰富的经验和独到的见解，文章没有可读性，就很难引起目标用户的关注。

文章有价值是引起目标用户群关注的最关键的地方，如果通篇都是广告，不能给用户带来任何价值，那么这样的博文是不会有推广效果的。如果博客文章能够引起很多人的关注，那么软文中提及的网站就会被很多人知道。比如做美容品的网站，一位在美容行业的意见领袖经常发表博客文章，会引起用户群的关注，不仅用户会转给自己周围的朋友，而且其他网站也会经常转载，文章覆盖的目标用户群越来越多。原创文章或者知名人士的文章更容易在搜索引擎的搜索结果页中居于前列，所以，从搜索引擎也能带来相当多的目标用户。

最后，需要坚持，如果自己的博客文章能够有很多人浏览，坚持下去会有意想不到的效果。如果自己在某一方面是专家，则可以亲自动手；如果没

第 12 章 网站推广策划技巧

有原创的能力和时间，则可以转载一些有价值的文章，把它们聚合起来，也能够吸引很多用户的关注。当然，如果能请该领域的意见领袖在写博客时顺便提及一下网站，可能效果是最好的。坚持的效果不仅能带来目标用户，而且也能带来网站的品牌，增加在业内的知名度。

只要给用户带来有价值的信息，用户是不会反感博客的推广的。比如做一个电影社区网站，可去各大博客空间发表关于电影的最新信息，发表深度的电影评论，如坚持写最新的影评、列出最新的票房排行榜等，只要内容是用户需求的，读者就不会反感文章里面多了一个推荐的网站，这部分用户本来就是对电影感兴趣的用户，所以，所带来的访客转化为用户的比率也会相对较高。

但是绝对不能制造垃圾信息，对用户没有价值的文章，用户是不会感兴趣的，垃圾信息对网站的损害很大。

二、SNS 网站的推广

除了在专业博客站点进行软文推广外，Web 2.0 时代有了更多的推广方式，因为 Web 2.0 网站本身就是一个很好的媒体，并且是容易形成口碑相传的媒体，做网站推广可以利用 Web 2.0 网站本身具有的庞大的力量。

可通过在社交类网站进行推广，很多知名的社交类网站已经聚集了相当多的用户。当然，在这些社交类的网站进行推广，跟博客推广是一样的道理，必须花费时间与用户的互动，让很多用户关注你的看法。有些社区用户添加了很多好友，并且有些社交网站对好友的行为记录得相当好，所以，一旦好友发表了文章或者进行了评论，就能快速传递给其他好友。如果一个人的好友数达到了成百上千人，这些人都可以成为推广的潜在对象。当然，跟博客推广一样，只有有价值的信息，才能引起人的关注。

当然，如果有预算，也可以尝试在 Web 2.0 网站做一些广告推广，比如通过社区人群的区分，直接推送给感兴趣的用户，如把音乐网站推送给喜欢音乐的用户，把电影网站推送给喜欢电影的用户，把运动商品网站推送给喜欢运动的用户。

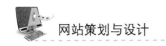

三、网摘推广

网摘,其英文原名是 Social Bookmark,翻译成"社会化书签",可简单理解为"网页书签"。首先,它可以被理解为"书签",然后它也是"社会化的书签"。为什么这么说呢?它首先是用户对互联网信息挖掘并管理的一种便利方式。也就是说,用户在浏览任何网页时,只要发现自己喜欢的网页,就可以很方便地添加到网络收藏夹中,并且可以对信息进行注解,通过标签的方式对网址或者网页进行有效分类管理和索引。传统浏览器的收藏夹在信息庞大时缺乏有效的索引,也缺乏注解和评价,并且重新装系统和异地上机时要转移收藏夹数据,网摘则解决了这个问题,这有点类似于本地硬盘和网络硬盘之间的关系。

此外,网摘因为其可共享的机制,也就具有了社会化的特性,满足了展示、交友等社会性的功能。简单来说,用户通过收藏的网址和网页找到与自己趣味相投的网友,与其他网友分享自己的收藏,同时也共享其他网友的收藏,这样,可以形成共享的好友,甚至是共享的圈子。每个人都把自己最精华的部分展示出来,并共享之,这样大大降低了用户挖掘信息的成本。

网摘由于具有这些优势和特点,已经成为一种很好的推广方式。但是,也要认识到,网站推广与其他任何形式的推广一样,刚开始可能靠一些技巧维持一定的流量和用户,但是要真正黏住用户,必须能够提供真正有价值的内容和服务。网摘用户也会因为网站的价值转化为真正的用户,并乐此不疲地免费为网站做推广。

可在几个流量大的网摘网站下载插件,一般都有右键插件,可直接把目标页面收藏进网摘网站。

做网摘最好能有一些精华的文章、图片、网页,这些文章、图片、网页与自己的网站相关度一定要高,这样带来的用户才是真正有价值的用户,对用户来说,获得了自己需要的信息,才是有意义的。如果纯粹为了流量,发表一些与网页毫不相关的文章,甚至起一些误导性的标题,这样对用户的伤

第 12 章 网站推广策划技巧

害是很大,也不能长久。如果在做网站的博客推广,这时可以把两者结合起来,把博客文章做成网摘文章,能产生增效效应。

做网摘有一些小技巧,比如选择一个合适的时间,让自己推荐的网页能够处于好的位置;还有,在编辑转载文章的标题和标签时,注意措辞,以吸引用户的注意力等。

四、分类信息网站推广

分类信息网站的作用就是让用户在浩瀚的信息海洋中方便地找到自己需要的信息,节省用户的时间成本。看电视的时候,有些广告并不是自己希望看到的,这些广告都是发布式的,用户没有主动权,而广告内容也不一定是用户需要的,用户没有主动权。而分类信息和广告则是在用户有需求的时候,主动去寻找。对于推广来说,如果分类广告是用户所需求的,那么广告的效果将会非常理想。这使得分类信息网站成为理想的推广地。目前分类信息网站主要有地域型的分类网站、搜索型的分类网站及门户网站分类频道。

五、论坛推广

论坛发帖也是传播网站的一个比较传统的渠道,可以去相对热门的论坛,也可以去目标用户群常常出现的论坛,垂直论坛的效果可能更好。论坛发帖是比较耗时费力的事情,不过如果能坚持,也能收到一定的效果。论坛发帖的首要原则就是为目标用户群提供有价值的信息和能吸引用户关注的信息。此外,还要注意如下几点:① 不要在帖子中直接做广告,看上去像广告的帖子不仅很容易被删除,而且也吸引不了太多的用户。② 发帖不要太多,帖子要求精,只有高质量的帖子才能带来高点击率。③ 头像和签名的推广。做一个宣传网站的头像,同时,在帖子的签名处加上网站精简介绍和链接地址,也可以在签名处添加一个能够吸引用户的内容链接。

奇虎通过和各个论坛网站合作,做了一个论坛帖子定向群发的系统,这也是一个推广的渠道,不过这需要广告的预算。

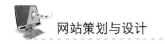

六、知识问答式推广

在这些知识类的推广方面，一定要注意为用户提供相关价值的信息，否则将不能带来真正的用户，得不偿失。比如在百度知道、雅虎知识堂、新浪爱问、QQ问问等上面，有很多用户有自己关心的问题，例如用户可能关心最新韩国电影，恰好你的网站是关于韩国电影信息发布及下载的，那么通过为用户解答问题，既推广了网站，又让用户获得了有价值的信息。这样的方式对双方都是有好处的，能带来真正的用户。不过这样做会耗费很多的时间和精力。

从以上的介绍可以看出，社区类的营销推广方式是非常多的，将来社区营销的方式还会更多，方式本身不是问题的关键，问题的关键是人，因为社区的推广最终需要通过人的口碑来完成。所以，社区营销需要一个有价值的内容载体，有打动用户的内容载体才是社区营销的核心。所以，社区营销式的网站推广的出发点还是如何打动用户内心。

七、商业资源合作推广

资源合作的推广，包括网站线上资源和线下资源的推广。这些资源的合作是以实现共赢为目的的，不管是线上与线上资源的合作，还是线上与线下资源的合作，只要资源本身有价值，都可以服务于网站推广这个目的。

利用空闲的广告位置可以与相关网站或者线下厂商进行合作推广，比如空闲的广告位置合作、网站内容的合作、用户资源的合作、技术资源的合作。例如，一个视频K歌网站可与摄像头厂商合作，K歌网站为摄像头厂商提供网站的空闲广告位，为摄像头进行品牌推广，甚至直接导向摄像头的销售，而摄像头厂商只需在其销售的产品终端加入K歌网站的K歌软件推广，通过捆绑K歌软件等多种方式引导用户进入网站，成为新的用户。通过这种方式带来的用户往往比较有忠诚度，因为摄像头本身主要用于视频交流，此外，也可以用于视频K歌、视频录歌等，这样的需求比较自然，所以也容易带来高质量的用户。

第12章 网站推广策划技巧

除了网站与传统的厂商合作外,网站与网站之间也可以利用各自的空闲广告位合作,比如,如果电影爱好者社区网站与音乐爱好者社区网站有空闲广告位,就可以相互为对方带来新用户。

网站内容合作方面,比如为某些渠道商提供内容,对于渠道商来说,获得了优质的内容,省去了内容制作和运营的成本;而对于网站内容提供商来说,则获得了一个推广的渠道。比如 MSN 与各大内容商有招聘、交友、新闻等内容的合作。MSN 拥有用户资源,而合作网站拥有内容资源。

对于新建的网站来说,交换链接也是资源互换的一种合作方式,并且简单易操作。正如前面的搜索引擎优化里所提及的一样,交换链接有利于获取搜索引擎排名,但链接必须是高质量的链接。高质量的链接不仅利于搜索引擎排名,而且也说明网站得到了其他有价值网站的认可,这样能够增加网站在用户和广告客户中的可信度。网站链接的前提必须是高质量的链接,否则,宁可不做。

除了线上媒体的推广外,也可以开展与线下媒体之间的合作,如与报纸、杂志、广播、电视方面的内容合作等。例如视频网站通过为电视台提供具有新闻价值的内容来推广自己的网站,通过电视台提高网站的知名度。以原创音乐为目标的网站可以通过与电台合作,为电台提供优秀的原创音乐,电台可借此打造原创音乐榜;网站也通过电台来提高知名度,达到推广的目的。又如在线 K 歌网站和线下 KTV 的合作,通过在线 K 歌社区网站的广告为 KTV 带来用户,为 KTV 带来品牌价值;而 KTV 可为在线 K 歌网站提供伴奏、K 歌内容等。

资源合作的方式有很多,现实中可以看到很多大型的网站及内容商都有自己的资源合作方式。比如谷歌与新浪的合作、谷歌与迅雷的合作及我乐网与迪士尼的合作等。

八、病毒营销式的推广

前面提到过社区网站营销的推广,其实整个互联网本身就是一个大社区,而各个网站就相当于一个个小社区（当然，小社区也有大小之分）。多个小社区组成了整个互联网的大社区。所以，虽然网络红人开始是从一个网站发迹的，但是要成为真正的网络红人，就需要整个互联网的大社区平台的推波助澜。

病毒营销并不是说使用病毒进行传播，而是说像病毒一样迅速地传播信息，并且这个传播是用户主动和自愿的行为，容易达到很好的推广效果。

病毒营销的方式在推广里面效果最好，花费也最少。不过病毒营销并不是很容易复制或者实现，需要找到一种契机，让用户愿意主动地推荐给自己周围的朋友或者网友，而朋友也愿意推荐给周围的朋友或者网友，形成一定规模的口碑网络，最后就像病毒快速传播扩散的方式一样，在很短的时间内让上百万、千万的人获取到该信息。

要做成功的病毒营销并不容易，需要非常好的内容创意和传播载体。从传播载体上看，目前互联网的传播平台速度很快，这个问题已经不是大问题，重要的问题还是创意要能够引起用户共鸣，或者引起用户好奇，具有让人愿意与其他人分享的价值。在很多网站的发展前期中，通过某些热点事件能够达到类似于病毒营销的效果。

成功的网络内容的营销，必须有自己独特的价值，能够抓住用户的眼球。这里可以多参考百度和谷歌的搜索引擎排行榜，看看用户最关心的是什么，可能是与体育相关，比如NBA，比如姚明和易建联；可能与最新的电影相关；也可能与股票、房产、物价等经济问题相关。酷讯搜索当时在春节期间推出火车票搜索，在春节火车票一票难求的情况下，其迅速走红。所以，最大众的人群真正关心的地方，就是最可能创造病毒营销的地方。

病毒营销要有原创性，亦步亦趋的效果不会好。总的来说，病毒营销的本质是为用户提供有价值的内容或者服务，而网站附着在这个内容或者服务上，比如通过电子书、图片作品、Flash作品、视频作品，还有免费的工具，如在线唱歌工具、免费下载工具等，为用户提供价值的同时，也很自然地实现了推广。

第 12 章 网站推广策划技巧

九、线下的推广

线下推广也是网站推广的一种方式,特别是在有渠道资源的情况下。线下的资源,比如网吧、营业厅、报刊亭、便利店等,都是很好的推广平台。比如,网吧推广网站也是一个很好的线下推广方式,用户进入网吧后第一次浏览网站,如果默认的首页是你的网站,并且用户还是一个非熟练用户,还没有形成相对稳定的上网习惯,那么他就会对刚开始接触的网站印象深刻。

除了浏览器的默认首页外,还有网吧的桌面推广,比如通过网吧的专用软件把网站推到网吧的桌面,这样网吧用户很容易就会发现网站。除了在网吧的桌面外,还可以在网吧投放平面广告板。网吧覆盖量大,需要投入较多的资金,成本较高。《征途》游戏营销成功的其中一条就是充分利用了脑白金在二三级城市的销售团队,他们进入城市大大小小的网吧进行地毯式的推广。网吧到处都是《征途》的海报,让用户以为这是目前最火的一款游戏,有一种如果不玩就落后了的心理暗示。

线下的推广还有传统的媒体,比如电视广告、车体广告、楼宇广告、户外广告等硬广告,这种广告形式适用于有充分资金预算的网站。

十、其他形式的推广

推广的形式多种多样,如果按照具体形式来说,难以穷尽。但是推广的实质是不会变的。好的创意和好的渠道是推广成功的核心。下面再列举一些网站推广的方法,希望对读者能有启发。需要注意的是,不要盲目去模仿,推广最好有自己的创意,才能收到奇效。

① 通过搭载客户端工具软件推广网站,把客户端提交到各个下载网站进行免费下载。如果是很好的应用工具,将会带来不错的点击量。

② 通过向娱乐、体育等热点事件借势宣传网站,比如张朝阳参与娱乐、体育相关事件,吸引大众的眼球。这样的例子不少,潘石屹、李开复等名人通过个人影响力提高了公司品牌的影响力。如果不是名人,可以出席相关的论坛,也可以出席媒体的见面会,通过媒体的力量来达到网站推广的目的。

③ 熟人网络推广。熟人关系网络中或许有人真的能帮上忙，不要低估了熟人的力量。比如 iStockphoto 是一个摄影师在线社区，它存有大量原创性的高质量图片资料，这些图片资料由摄影师提供，并以低价卖给出版商、杂志等需要图中资料的组织和个人。网站的创始人 Bruce Livingstone 在推广网站时就充分利用了熟人的网络，他通过电子邮件把网站推广给自己的朋友。创始人的其中一位朋友是网站设计的高手 Jeffrey Zeldman，他在设计师和摄影师圈子中具有一定的影响力，他写博客并采用了 iStockphoto 图片，这对网站推广起到了很重要的作用。如果你的人际关系网中有类似的意见领袖式的人物，可让其帮忙进行网站推广，这可能是非常有效的。即使没有这样的人物，但有好的服务，在朋友圈中进行首波推广，也可以形成第一批用户，推动网站的发展。

④ 很多用户上网时需要引导，一些网站有巨大的流量，比如 hao123、265 等网站，可带来相当可观的流量。如果能够加入这些网站，则在你的网站发展的初期，带来的流量甚至可能超过搜索引擎带来的。

⑤ 与专门邮件推广商合作，进行电子邮件的推广。不过推广邮件容易成为垃圾邮件，很难进行精准的邮件推广营销，效果如何，需要评估。如果针对网站会员，特别是登录较少的会员，可以考虑发送包含有价值信息的邮件，这样能够提高用户的回头率。

⑥ 强制弹出首页、群发工具、IM 群发等推广方式的用户体验较差，虽然会有一定的效果，但不建议使用。QQ 群的群发一定要找到相关群组，并且还需要有相关性。但是这种方式往往引起用户的反感。有些网站站长自己建立 QQ 群，以与网站内容相关的话题为主题，可以吸引一定的用户量，对于网站发展短期内有效，但从长期看，还是杯水车薪。

⑦ 其他小技巧。在小礼品上印上公司的网址及宣传语、找兼职人员发宣传单等，都是一些惯用的手法。

⑧ 如果自身没有影响力，可以到论坛找意见领袖或者论坛主合作推广网站。如果能找到有影响力的论坛进行合作，效果会不错。

⑨ 网站联盟推广。通过网站联盟的广告投放系统，广告投放面比较广。

网站联盟推广主要有三种计费方式：一是 CPM，也就是按照有效显示计费；二是 CPC，按照有效点击计费；三是 CPA，按照有效注册会员计费。特别是 CPA 的方式，带来的注册会员是否有忠实度需要仔细分析，往往前期带来的注册用户数很多，一段时间后却会流失大部分用户。

⑩ ADSL 推广。用户要上网，需要得到电信运营商的网关验证，电信运营商网关强行嵌入页面，让用户进入网站。

⑪ 电子杂志推广。发布免费的电子杂志，不过电子杂志的制作需要有好的内容。

⑫ 推荐注册用户的奖励计划。根据用户推荐带来的有效注册会员数进行奖励。阿里妈妈的蚂蚁雄兵推广靠的就是这种方式。用户推荐 1 个网站，阿里妈妈会奖励 20 元；如果站长成功推荐 10 个网站，就可成为阿里妈妈的认证服务商，不但可以分享阿里妈妈的广告佣金，而且该站长推荐的站点也可以成为一个小联盟，获得阿里妈妈的优先推荐。还有直接奖励实物的方式，比如奖励 iPad，只要推荐一定的有效用户数，网站就直接给用户奖励 iPad 等实物。这样的推广方式主要采取利益刺激法，在前期的推广中非常有效。

不管采用哪种营销方式，推广都要持之以恒，按照自己的方式进行，按照与自身的资源相匹配的方式进行。

最后，营销不仅仅是占据一个渠道，如何把网站的产品和服务清晰地传达给用户也是非常关键的。即使用户知道了网站，但是网站广告所表达的服务不能够吸引用户，网站的推广仍然是没有效果的。所以，在做网站推广时，一定要把推广的点很清晰地告诉用户。这里还需要一些营销技巧，要与众不同。比如《征途》游戏，它率先推出免费的概念，让很多玩家感到耳目一新，以前玩游戏都需按时间收费，而免费的游戏本身就能够引起广大游戏玩家的注意。

不同时期的推广重点可能不同，比如知名品牌的推广，更多的是一种精神和生活方式的推广。对于网站的初期推广来说，可能更倾向于告诉受众，网站能给你带来什么。这个推广必须用一句话就可以表述出来。

第 13 章

网站开发实例

第 1 节 网站开发实例——在线图书网的网站开发

随着互联网的发展，网络交易量逐年攀升，网上购物逐渐成为一种新的网络时尚。企业在建立网络宣传的同时，也逐渐建立起自身的网络销售渠道，节省了很多中间环节，大大提高了企业的效益。随着硬件技术、网络技术及网上交易法规的日趋完善，电子销售将逐渐成为企业销售经营的主要模式。

本节通过开发在线图书网来介绍在线销售系统的整体结构。本节中开发的在线图书网采用的软件环境如下。

操作系统：Windows XP。

数据库：MySQL Server 5.0。

Web 服务器：Tomcat 5.0。

开发语言：Java。

一、网站系统总体设计

一般来说，一个完整的网络交易系统包括信息流、资金流和物流 3 个要素。信息流就是通过自己的系统向客户展示商品的信息，吸引客户的注意力；资金流就是在客户选择商品后，通过网络支付的方式支付相关费用，一般包括预付款支付、网上银行支付和货到付款等方式；物流一般都是线下操作，就是将客户选定的商品通过物流配送系统配送到客户手中,对于一些特殊商品,如股票、电子杂志及域名等,不需要通过配送系统的支持配送到客户手中。

由于信息流、资金流和物流是网络交易系统的基本要素,在网站设计中,必须针对这3个要素进行设计。

1. 基本功能模块

在线图书网和其他的电子购物网店基本一样,具有相关的客户管理模块,见表13.1。

表 13.1　客户管理模块

用户注册登录	基本信息修改	通过商品分类查看商品
① 可通过关键词查询商品 ② 查看打折图书	① 购物车中商品的增加、删除 ② 下订单及订单状态的查看	① 查看最新上架图书 ② 留言板

相关的后台管理模块,包括用户管理模块、商品管理模块及订单处理模块。

2. 用例模型

用例模型也叫用例图,用于描述用户与系统之间需要建立哪些关系。进一步地说,就是不同性质的用户可以操作系统的哪些功能。

建立用例图有两方面用途:首先让开发人员从宏观上掌握系统的基本功能,把握好系统适用于哪类人员,从而进行进一步设计;其次,在系统做完后,可以让用户浏览用例图,使用户知道自己可以操作哪些功能。

这个系统中有两种用例图:客户用例图和管理者用例图。

客户用例图如图 13.1 所示。

其中的关键词含义如下。

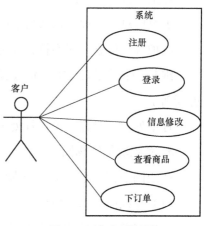

图 13.1　客户用例图

注册：注册为系统用户。

登录：登录系统。

信息修改：注册后的会员修改个人信息。

查看商品：根据系统提供的方式方便地查看商品。

下订单：先注册成为会员，然后登录系统，最后订购商品。

管理员用例图如图 13.2 所示。

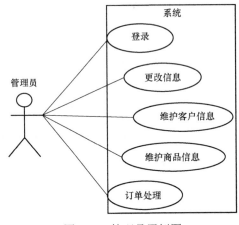

图 13.2　管理员用例图

其中的关键词含义如下。

登录：管理员登录。

更改信息：管理员修改自己的信息。

维护客户信息：对不符合规范的用户有权删除。

维护商品信息：对商品进行相关操作，如新产品的上市、商品上传更新等。

订单处理：对订货单进行处理，根据订单要求发货。

3. 系统功能结构图

在线图书销售系统主要分为前台会员模块和后台管理模块两个部分。

（1）在线图书系统前台

在用户前台功能中，需要满足图书查询、购物车、用户管理及收银台 4 个功能。具体功能结构图如图 13.3 所示。

第 13 章　网站开发实例

图 13.3　在线图书系统前台

（2）在线图书系统后台

在后台功能中，需要满足商品管理、用户管理及订单管理 3 个功能。具体功能结构图如图 13.4 所示。

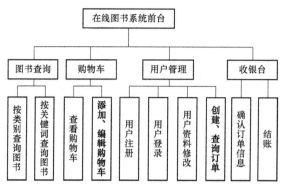

图 13.4　在线图书系统后台

二、网站数据库设计

数据库设计是指根据用户的需求，在选定的数据库系统（如 Oracle）上，设计数据库的结构及建立数据表之间的关联的过程。

在数据库中，需要创建系统中涉及的实体。所谓实体，就是指客观世界中的事物在数据库中的抽象。如"用户"实体包含了用户名和用户密码等属性，反映到数据库中就可以创建一个 user 表，表里包含用户名和密码等属性。

该系统中涉及 3 个主要实体：用户（包括管理员）、商品（图书）和订单。下面就对这些实体进行数据库设计。

1. E–R 图

E–R 图（Entity–Relation Diagram）是用来描述实体和属性关系的一种模型，属于概念结构设计的一部分。3 个实体商品、用户和订单的 E–R 图如图 13.5～图 13.7 所示。

213

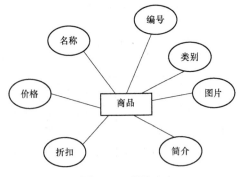

图 13.5　商品表

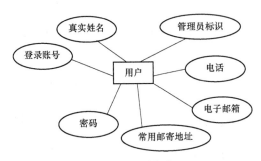

图 13.6　用户表

图 13.7　订单表

2. 逻辑结构设计

逻辑结构设计是指将概念结构设计中设计的 E-R 图转化成指定的数据库管理系统中支持的数据库表的结构。图 13.5～图 13.7 3 个实体的 E-R 图转化后的逻辑结构设计见表 13.2～表 13.4。

第13章 网站开发实例

表13.2 用户信息

字段名	数据类型	是否为空	是否主键	描述
id	number	no	yes	主键ID
name	Varchar2(50)	no	no	登记名
password	Varchar2(50)	no	no	密码
realname	Varchar2(50)	yes	no	真实姓名
phone	Varchar2(50)	yes	no	电话
email	Varchar2(50)	yes	no	电子邮箱
address	Varchar2(50)	yes	no	常用邮寄地址
Mgrflag	Varchar2(5)	no	no	是否为管理员

表13.3 商品信息

字段名	数据类型	是否为空	是否主键	描述
id	number	no	yes	主键ID
name	Varchar2(50)	no	no	商品名称
price	Decimal(10,2)	no	no	商品价格
discount	Decimal(5,2)	yes	no	商品折扣
number	Varchar2(50)	no	no	编号
category	Varchar2(50)	no	no	类别
pic	Varchar2(50)	yes	no	图片
introduce	Varchar2(2000)	no	no	简介

表13.4 订单信息

字段名	数据类型	是否为空	是否主键	描述
id	number	no	yes	主键ID
number	Varchar2(50)	no	no	编号
prices	Decimal(10,2)	no	no	商品总价
moneyway	Varchar2(50)	no	no	付款方式
order_name	Varchar2(50)	no	no	订货人姓名
order_tel	Varchar2(50)	no	no	订货人电话
order_addr	Varchar2(100)	no	no	订货人地址
order_produces	Varchar2(2000)	no	no	所订商品

3. 后台数据库连接

数据库设计好后，就可以在代码层创建数据库连接。本系统连接的数据库是 MySQL。数据库的用户名和密码都是 root。

```java
public static Connection con;
public static Statement stmt;
public static ResultSet rs;
public void connect(){
try{
Class.forName ("org.gjt.mm.mysqlDriver");
con=DriverManager.getConnection("jdbc: mysql: //localhost: 3306/shop", "root", "root" );
stmt=con.createStatement();
}
catch(ClassNotFoundException cnfex){
System.err.println("装载 JDBC/ODBC 驱动程序失败!")
cnfex.printStackTrace();
System.exit(1);
}
catch(SQLException ex){
ex.printStackTrace();
}
}
```

三、网站的界面设计

网站的界面设计分为前台界面设计和后台管理界面设计。由于篇幅有限，此处只介绍网站整体的页面框架风格。

本网站的框架结构如图 13.8 所示，这个框架可应用于首页信息展示，也可用于某一个信息的展示，还可作为后台管理的框架。

下面对图 13.8 所示的框架进行讲解。

top.jsp：用于展现网站风采，一般都是图片及导航链接。

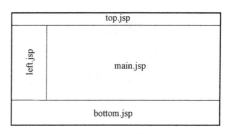

图 13.8　网页结构

left.jsp：分为两部分，一部分是用户客户登录及注册，另一部分是用户信息导航。

main.jsp：这部分是主要的展现信息的区域，对于主页，此部分用于显示所有信息，包括最新上架书籍、畅销书籍及各种按类别区分的书籍；对于详细页面，此部分就是对某本书的详细介绍，包括价格、图片、折扣及评价等。

bottom.jsp：这部分主要是网站的信息，包括版权、营销计划、友情链接等。

需要注意的是，top.jsp 部分、left.jsp 部分和 bottom.jsp 部分是通用的模块，每个页面中都需要加进来，这样只需要写 3 个页面就可以应用于整个系统的头部、左侧导航和底部信息。通过前面介绍的框架集或者 DIV 就可以将页面进行完美的分割。这也是模块化的优势所在。

提示：在进行页面设计时，尽可能地将页面模块化，将类似的部分提取出来作为通用页面来维护，这样可大大降低维护成本，也可使网站变得更加清晰。

四、网站的前台静态页面制作

网站的前台页面是和客户进行交互的区域。网站能否吸引客户，前台的页面设计起着至关重要的作用。

一般在制作前台页面时需要考虑以下几点：

① 页面整洁，框架清晰。

② 尽可能地展现客户需要的信息。

③ 页面整体风格一致，色调搭配合理。

④ 首页的性能一定要最优，不可出现 bug 页面。

⑤ 首页打开的速度一定要快。

图 13.9 所示就是设计制作之后的静态页面。

图 13.9　首页静态页面

首页（index.jsp）的代码如下：

```
<%@ page language="java" import= "java.util.* "page Encoding= "gb2312"% >
<%
String path = request.getContextPath();
String basePath = request.getScheme()+"://"+request.getServerName()+":"+request.getServerPort()+path+"/"; %>
<!DOCTYPE HTML PUBLIC"-//W3C//DTD HTML 4.01 Transitional//EN" >
< html>
< head>
```

```
< base href="< % =basePath% > " >
< title>在线图书网</title>
< meta http-equiv="pragma" content="no-cache" >
< meta http-equiv="cache-control" content ="no-cache" >
< meta http-equiv= "expires" content="0">
< meta http-equiv= "keywords" content="keyword1,keyword2,keyword3">
< meta http-equiv= "description" content="This is my page" >
< /head>
< frameset rows=" 125, *" frameborder= "yes" border="0" framespacing="0" >
< frame src="top.jsp" name="topFrame" scrolling="NO" >
< frameset cols="250,*" rows="10,*" framespacing="0" frameborder="0" border="0" >
< frame src= "left.jsp" name="LeftFrame" scrolling= "auto" noresize= "noresize">
< frame src= "main.jsp" name="mainFrame" scrolling="auto">
< /frameset >
< frame src= "bottom.jsp" name="bottomFrame" scrolling="NO" >
< /frameset >
<body>
</body>
</html >
```

上述代码中，是用框架集 frameset 进行页面切割的。前面介绍过，top.jsp 是头部页面，left.jsp 是左侧导航页面，main.jsp 是主要内容显示区，bottom.jsp 是底部信息。具体各部分的代码这里不一一列举出来，下面介绍左侧导航页面（left.jsp）中登录部分的代码。

其代码如下：

```html
< h5 style="margin-left : 10 px;">
< font color=#aaff00>欢迎光临！
< form name= "form1" action="login.jsp" method= "post " >
< table width= "220" border="0" align="center" >
<tr>
<td width="160 " height= "25" >用户< td >< input name="name" type= "text" size="17" ></td >
</tr>
<tr>
< td height="25" >密　码:</td>
< td > < input name="password" type="password" size="17"> </td >
</tr>
<tr>
< td height="26" > < input type='image*' class="input" src="image/ fg-land.gif" width="51" height = "20" ></td >
< td height= "26" > & nbsp; & nbsp;
< a href="registry. jsp">注册</a>　　<a href="#">找回密码?</a></td>
</tr>
< /table>
< /form>
```

接下来对上述代码进行说明。

当刚打开首页时，处于未登录状态，此时可以看到"用户名"和"密码"的输入框；当用户登录后，需要将这两个输入框隐去，提示用户已登录及上次登录时间等。

在单击"登录"按钮提交页面表单（就是< form>标签之间的部分）后，会跳转到逻辑页面 login.jsp 中检索数据库中是否存在该用户，如果存在，则在 session 中设置用户已登录：session.setAttribute（"isLog"，new String（"1"）），并且返回首页。首页就是通过判断 session 中的 isLog 属性值来判断是否已登录。

五、网站的后台程序开发

对于购物网站，购物车是核心的功能。本小节介绍后台中购物车的开发过程。

客户在选定商品后添加到购物车的流程图如图 13.10 所示。

在客户浏览商品、选定商品后，单击"提交"按钮提交到购物车，这个商品的信息就会在购物车中存储。此时购物车中的商品并不是最后都要买的，购物车只是起到暂存的作用，在客户选定所有需要的商品、在购物车中确认无误后，单击"提交"按钮，才真正购买成功。

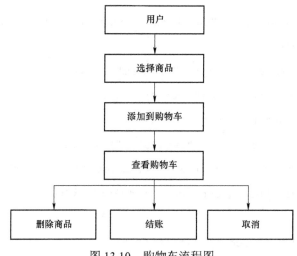

图 13.10 购物车流程图

下面这段代码用于模拟网上商店展示的商品，在商店里选定商品后，单击"提交"按钮就会存到客户的购物车中。商店中商品列表页面如下。

商店中商品列表页面如下。

```
(shopping.jsp)的代码：
<form action="Cart.jsp" name= "act" method="post">
<table width= "75%" border= "1" align="center"  bordercolor=
```

```
"#006633" >
    <caption>商品柜台:</caption>
    <tr bgcolor= "#gggggg" >
    <td>产品 ID</td><td>产品名称</td> <td>价格</td><td>现有数量</td><td>是否有货</td><td>
    购买数量</td>
    </tr>
    <%db connect()
    ResultSet rs= db.getRs ("select * from product");
    while(rs.next())
    %>
    <tr>
    <td > <input type="checkbox" name="proID" value= "<%=rs.getString("ID")% > " >
    <td> <% = rs.getString;( "ProdNam") %></td>
    <td> <% =rs.getDouble("Price") %></td>
    <td><%=rs.getInt("num")%></td>
    <td> <% = rs.getString("available")%></td>
    <td><input type="text" name=" <%=rs.getString("ID")% >" checked value="1" style="background-color: #99f;" ></td >
    </tr>
    <tr > <td bordercolor="#ffffff" >
    <input type="submit" name="action" value="add"/ ></td >
    <td bordercolor= "#ffffff" > <a href="Logout.jsp" > 注销
    </a ></td > </tr >
    </table>
    <center > <a href= "UserMainPage.jsp">返回</a></center>
    </form>
```

第 13 章　网站开发实例

上述代码中，ResultSet rs=db.getRs ("select*from product")用于检索所有的商品，并且通过在 table 中循环的方式列出检索出的商品。<input type="checkbox"name="proID"value="<%=rs.getString("ID")%>">用于选定商品。当选完商品后，单击"添加"按钮，通过 post 的方式提交到购物车（cart.jsp）中：<form action="Cart.jsp" name="act" method="post">。

购物车页面代码 cart.jsp 如下。

```
<%
String str=request.getParameter("action");
String []items=request.getParameterValues("proID");
if(items! =null)
if(str.equals("add")
for (int i = 0; i < items.Length; i++)
String temp=items (i);
int num =Integer.parseInt(request.getParameter("times"));
cart addltem(temp,num)
else if(str.equals("remove" ));
for (int i = 0; i < items.Length; i++)
cart removeltem(items (i))
%>
< form action="Cart.jsp" name= "act" method="get" >
< table width= "75%" border= "1" bordercolor="#006633" >
< tr bgcolor="#999999" >
< td > id</td >
<td>名称</td>
<td>数量</td>
</tr>
<%HashMap hm=cart.getltems()
session.setAttribute("hash",hm)
Iterator it=hm.keySet().iterator();
```

```
while(it.hasNext()) {
String itemld=(String)it.next()
pro=proDo.getPro(itemld)
%>
<tr>
<td><input type="checkbox" name="proID" value="<%=pro.getProID%>"/></td>
<td><%=pro.getProName()%></td>
<td><%=hm.get(itemld) %></td>
</tr>
<tr><td width="50%" bordercolor="#ffffff"><input type="submit">
</td>
<name="action" value="remove"/>
<td bordercolor=" #ffffff" >
<a href="Order.jsp" >购买</a></td></tr>
</table>
<a href="Shopping.jsp" >返回</a>
</form>
<%
else{
out.print("haven't login! login first")%>
<br><a href="UserMainPage.jsp" >返回登录页面</a>
```

上述代码中，cart.jsp 页面在进行删除操作时会提交给自己：<form action="Cart.jsp"name="act"method="get">，这样就需要对第一次进入本页面和删除后再次进入本页面进行区别设置，通过在 request 中设置 action 属性进行区分：action 为 remove 时，是删除后再返回本页面的操作；action 为 add 时，是第一次进入本页面的操作。

第 13 章 网站开发实例

六、网站的整体实现

前面讲的都是前台客户功能的制作，由于篇幅有限，不可能面面俱到。后台界面框架与前台的基本相同，在此不再赘述。下面简要介绍后台管理的基本功能。

1. 订单管理

此页面主要用于处理订单，当确认订单后，所订商品的订单跟踪号及相关物流信息可以随时查询，商品签收后，修改订单的状态。

2. 商品管理

商品管理中包括增加、删除和修改商品，这里只列举增加和删除商品。

第 2 节 学生作品展示

图 13.11～图 13.24 所示是部分学生作品展示，学生从不同的角度出发，诠释了不同的主题和多种多样的技术。

图 13.11 工作室网站 1

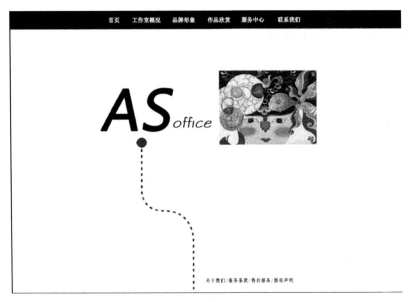

图 13.12 工作室网站 2

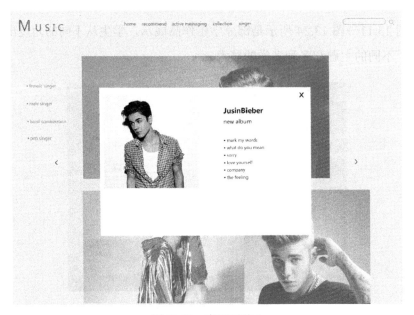

图 13.13 音乐网站 1

第 13 章 网站开发实例

图 13.14 音乐网站 2

图 13.15 音乐网站 3

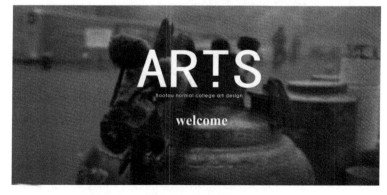

图 13.16 艺术网站 1

图 13.17　艺术网站 2

图 13.18　体育网站

图 13.19　电影网站 1

第 13 章 网站开发实例

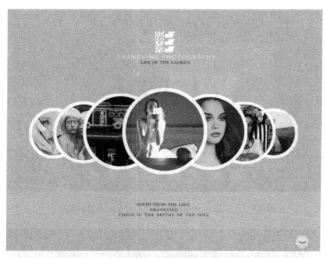

图 13.20 电影网站 2

图 13.21 旅行网站的电视端网页页面设计 1

图 13.22 旅行网站的电视端网页页面设计 2

图 13.23　旅行网站的电视端网页页面设计 3

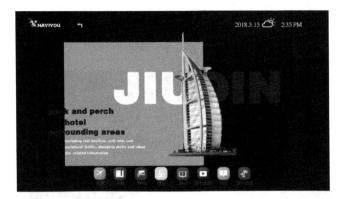

图 13.24　旅行的电视端网页页面设计 4

至此，已大体介绍完一个网站开发的完整流程。如果网站大一些，除了基本的增加、删除、修改和查询功能外，还需要考虑到性能、安全、可扩展性等问题。这就需要学习更高级的技巧，相信读者能通过学习做得越来越好。